ABHANDLUNGEN DER DEUTSCHEN AKADEMIE
DER WISSENSCHAFTEN ZU BERLIN

*Klasse für Chemie, Geologie und Biologie*

*Jahrgang 1961 Nr. 3*

# FRAGEN DER PHYSIK UND CHEMIE DER FERRITE

Kolloquium am 1. und 2. März 1960, Berlin

Mit 63 Abbildungen und 8 Tabellen

AKADEMIE-VERLAG · BERLIN

1961

Vorgelegt von Hrn. THIESSEN in der Klassensitzung vom 24. November 1960
Zum Druck genehmigt am gleichen Tage, ausgegeben am 20. Dezember 1961

Erschienen im Akademie-Verlag GmbH, Berlin W 8, Leipziger Straße 3—4

Lizenznummer 202 · 100/472/61
Gesamtherstellung: VEB Druckerei „Thomas Müntzer" Bad Langensalza
Printed in Germany
Bestellnummer: 2001/61/II/3  ES 18 C 2  Preis: DM 14,—

# INHALT

# VORWORT

Magnetische Werkstoffe auf der Grundlage von Ferriten gehören gegenwärtig zur normalen Ausrüstung der Nachrichten-Technik aller Bereiche, der Meß- und Regler-Technik, der Vorrichtungen für Automatisierung. Die Ansprüche an ferritische Magnete sehr verschiedenartiger Charakteristiken steigen ständig. Der zahlenmäßige Bedarf an Ferriten verschiedener Typen nimmt ebenfalls fortlaufend zu. Die Grundbedingung für einen nutzbaren Einsatz ist die strenge Innehaltung vorgegebener Kennwerte der Magnete auch innerhalb großer Fertigungsreihen. Die erreichbare Leistung ferritischer Magnete ist noch nicht hinreichend bekannt. Ebensowenig ist bisher der Zusammenhang zwischen den Eigenschaften der Ausgangsmaterialien und ihren Wandlungen während der Herstellungsprozesse sowie die Abhängigkeit vom Verfahrensgang der Produktion genügend geklärt.

Die Steigerung der Leistungsfähigkeit ferritischer Magnetwerkstoffe, die Breite ihres technischen Einsatzes, die Reproduzierbarkeit der Eigenschaften verlangen umfangreiche und gründliche Gemeinschaftsarbeit von der präparativen Chemie bis zur theoretischen Physik. Die Ergebnisse eines Kolloquiums über „Fragen der Physik und Chemie der Ferrite" dienen diesem Ziele. Sie fassen nicht nur die bestehenden Erkenntnisse zusammen, sondern zeigen Wege für die weitere Entwicklung. Es ist vorgesehen, Ferrit-Kolloquien dieser Art zu wiederholen und wertvolle und zuverlässig gewonnene Ergebnisse auch in Zukunft in ähnlicher Art zu veröffentlichen, wie es hier geschieht.

Berlin-Adlershof, den 12. Januar 1961

P. A. Thiessen

Direktor des Instituts für physikalische Chemie
der Deutschen Akademie der Wissenschaften
zu Berlin

*Aus dem Institut für Magnetische Werkstoffe*
*der Deutschen Akademie der Wissenschaften zu Berlin, Jena*

# Einige Betrachtungen zur Untersuchung von Ferriten

Von R. PERTHEL

*Zusammenfassung.* Am Beispiel eines einfachen Mischferrits (A, Fe)O · $Fe_2O_3$, wobei A nur zweiwertig sein kann, werden die Untersuchungen diskutiert, die zur Kenntnis des Ferrits notwendig sind. Dazu gehören die Konzentrationen der einzelnen Kationen (einschl. der verschiedenen Wertigkeitsstufen), der Sauerstoffgehalt, die Kationenverteilung und, da die Zusammensetzung meist von der stöchiometrischen abweicht, die Klärung, ob Zwischengitterplätze besetzt oder Leerstellen erzeugt werden, sowie die Kenntnis von Phasendiagrammen in bezug auf Ein- oder Mehrphasigkeit. Neben den direkten Bestimmungsmethoden können indirekte, wie z. B. Sättigungsmagnetisierung, Leitfähigkeit und thermogravimetrische Untersuchungen zusätzliche Aussagen liefern. Im Zusammenhang mit diesen Betrachtungen wurde eine Reihe experimenteller Arbeiten ausgeführt, über die in den anschließenden fünf Vorträgen ausführlich berichtet wird.

Um die sehr komplizierten Verhältnisse bei den Ferriten für Grundlagenuntersuchungen einigermaßen übersichtlich zu gestalten, ist es notwendig, chemisch und physikalisch möglichst gut definierte Proben zu verwenden. Dazu gehören vor allem Proben genau bekannter Zusammensetzung, die aus chemisch reinen Ausgangssubstanzen hergestellt sind (evtl. mit definierten Zusätzen), und zwar nicht nur als polykristallines Material, sondern auch in einkristalliner Form. Einkristalle sind notwendig, da es einmal Größen gibt, die nur an Einkristallen gemessen werden können (z. B. die Kristallanisotropie); außerdem fallen die bei einigen Prozessen störenden Korngrenzen weg und schließlich ist die Porosität bei geschmolzenen Körpern wesentlich geringer als bei den Sinterkörpern. (Über die Herstellung von Ferriteinkristallen s. G. ELBINGER, S. 14 ff.)

Wegen der zahlreichen Parameter, die bei der Herstellung von Ferriten eingehen, war es zunächst notwendig zu prüfen, inwieweit es möglich ist, einen bestimmten Ferrit reproduzierbar herzustellen. Dazu diente ein Mg–Mn-Ferrit bestimmter Zusammensetzung (Rechteckferrit), an dem einerseits der VEB Carl ZEISS, Jena, für den Bau elektronischer Rechenmaschinen sehr interessiert ist, und der andererseits für Reproduzierbarkeitsuntersuchungen besonders geeignet ist, weil die magnetischen Eigenschaften des Endproduktes sehr stark durch Schwankungen im Herstellungsprozeß beeinflußt werden. Das Ergebnis war durchaus befriedigend, denn es gelang, diesen Ferrit so herzustellen, daß seine magnetischen Eigenschaften innerhalb der Meßgenauigkeit der benutzten Verfahren immer wieder die gleichen waren (s. P. KLEINERT S. 10 ff.).

Für die weiteren Untersuchungen wurden zwei einfache Ferritsysteme ausgewählt, nämlich $NiFe_2O_4$-$Fe_3O_4$ und $MgFe_2O_4$-$Fe_3O_4$. Eine Begründung für diese Auswahl wird das folgende einfache Beispiel geben, an dem gleichzeitig gezeigt werden soll, welche Untersuchungen für die Charakterisierung eines Ferrites von Interesse sind.

Der Spinellstruktur entspricht die ideale Zusammensetzung:

$$X^{II}\, Y_2^{III}\, O_4 = 1/8 \text{ Elementarzelle.}$$

Wir betrachten nun einen Mischferrit aus $Fe_3O_4$ und $AFe_2O_4$, bei dem das Ion A nur in zweiwertiger Form existiert. Allgemein liegt dann die Zusammensetzung vor:

$$A_{1-\alpha}^{II}\, Fe_\alpha^{II}\, Fe_2^{III}\, O_4\,.$$

$\alpha$ ist entweder von der Ausgangszusammensetzung her bekannt oder kann durch eine Analyse ermittelt werden.

Bei der Herstellung durchläuft dieser Ferrit ein großes Temperaturintervall (maximale Temperaturen bei Sinterkörpern 1100—1500 °C, bei Schmelzkörpern 1600—1800 °C). Da nun bei niedrigeren Temperaturen des $Fe^{3+}$ stabiler ist, bei höheren Temperaturen aber das $Fe^{2+}$, spielen sich während des Herstellungsprozesses Reduktions- und Oxydationsvorgänge ab, die je nach Art der Temperaturbehandlung zu einem Endprodukt führen, dessen Sauerstoffgehalt im allgemeinen von 4 verschieden ist:

$$A^{II}_{1-\alpha}\,Fe^{II}_{\alpha-8x}\,Fe^{III}_{2+8x}\,O_{4(1+x)} \qquad x \gtreqless 0$$

x kann entweder durch eine Sauerstoffbestimmung oder direkt durch eine Bestimmung einer der beiden Wertigkeitsstufen des Fe ermittelt werden (s. P. KLEINERT, S. 18 ff.).

Gleichzeitig stimmt aber auch die für das Spinellgitter charakteristische Besetzungszahl der Gitterplätze durch Kationen und Anionen im Verhältnis 3:4 nicht mehr. Der Sauerstoffüber- oder -unterschuß muß also Veränderungen im Gitter hervorrufen; und zwar können folgende drei Fälle auftreten:

1) Ausscheidungen von O-reicheren oder -ärmeren Phasen (z. B. $Fe_2O_3$ oder (A, Fe)O).
2) Bildung von Leerstellen. Dazu ist allerdings zu bemerken, daß Anionenleerstellen unwahrscheinlich sind, da der Sauerstoff das Gerüst des Spinellgitters bildet[1]).
3) Besetzung von Zwischengitterplätzen (bei den Kationen bedeutet das eine Besetzung von vorhandenen aber planmäßig nicht besetzten Gitterplätzen). Auch hier dürften Anionenzwischengitterplätze aus dem gleichen Grunde wie in 2. unwahrscheinlich sein[1]).

Zu 1)

Das Vorhandensein von Ausscheidungen kann mit Hilfe von Schliffbildern festgestellt werden (z. T. ist auch eine Identifizierung möglich). Quantitativ können sie röntgenografisch ermittelt werden; jedoch liegt die notwendige Mindestkonzentration meist zu hoch.

Zu 2) und 3)

Eine Unterscheidung zwischen Leerstellen und Zwischengitterplätzen ist durch Vergleich der aus der Gitterkonstante errechneten mit der makroskopisch ermittelten Dichte möglich.

Für $x > 0$ erhält man dann bei Annahme von Kationenleerstellen:

$$\square_{\frac{3x}{1+x}}\,A^{II}_{\frac{1-\alpha}{1+x}}\,Fe^{II}_{\frac{\alpha-8x}{1+x}}\,Fe^{III}_{\frac{2+8x}{1+x}}\,O_4$$

($\square$ bedeutet eine Kationenleerstelle)
und für $x < 0$ bei Annahme von „Kationenzwischengitterplätzen“:

$$A^{II}_{\frac{1-\alpha}{1+x}}\,Fe^{II}_{\frac{\alpha-8x}{1+x}}\,Fe^{III}_{\frac{2+8x}{1+x}}\,O_4\,.$$

Die Beantwortung der Frage, in welchem Bereich sich $x$ ändern kann und von wann ab Ausscheidungen auftreten, verlangt die genaue Kenntnis der Phasendiagramme. Auf diesem Gebiet sind einige Ansätze vorhanden; im Ganzen sind jedoch die Kenntnisse darüber noch lückenhaft.

Die bisherigen Informationen reichen jedoch noch nicht aus, um z. B. die Sättigungsmagnetisierung zu berechnen. Wir müssen noch die Verteilung der einzelnen Kationen auf die Oktaeder- und Tetraederlagen kennen:

$$\left(\square_{\frac{3x}{1+x}-\beta}\,A^{II}_{\frac{1-\alpha}{1+x}-\gamma}\,Fe^{II}_{\frac{\alpha-8x}{1+x}-\delta}\,Fe^{III}_{\frac{6x}{1+x}+\beta+\gamma+\delta}\right)\left[\square_\beta\,A^{II}_\gamma\,Fe^{II}_\delta\,Fe^{III}_{2-\beta-\gamma-\delta}\right]O_4\,.$$

---

[1]) Hier ist an einen Idealkristall gedacht; bei einem Realkristall muß man natürlich auch geringe Unregelmäßigkeiten im Sauerstoffteilgitter zulassen.

Für die Bestimmung von $\beta$, $\gamma$ und $\delta$ kommen die Röntgenfeinstrukturanalyse und die Neutronenbeugung in Frage. Die röntgenografische Methode versagt in den meisten Fällen, nämlich dann, wenn es sich um Ionen benachbarter Elemente handelt.

Zu erwähnen ist noch, daß sowohl Oxydation und Reduktion als auch eine Änderung der Kationenverteilung Vorgänge sind, die gewisse Zeiten benötigen. Für Grundlagenuntersuchungen wird man zunächst an Gleichgewichtszuständen interessiert sein. Daher muß man die zu deren Einstellung notwendigen Zeiten kennen, wenn reproduzierbare Messungen ausgeführt werden sollen.

An diesem einfachen Beispiel sieht man bereits, welche Kenntnisse notwendig sind, um etwa die gemessene Sättigungsmagnetisierung zu verstehen. Welche Komplikationen auftreten, wenn das Ion A mehrere Wertigkeitsstufen annehmen kann oder wenn mehrere Ionen A, B ... mit jeweils verschiedenen möglichen Wertigkeitsstufen vorhanden sind, ist leicht einzusehen. Das ist auch der Grund für die Auswahl der Systeme $MgFe_2O_4$–$Fe_3O_4$ und $NiFe_2O_4$–$Fe_3O_4$, da Mg nur als $Mg^{++}$ auftritt, beim Ni zwar neben $Ni^{++}$ auch $Ni^{+++}$ möglich ist, bisher aber noch keine Anhaltspunkte dafür gefunden wurden.

Von den oben aufgeführten Untersuchungen konnte neben $\alpha$ (Konzentration) noch das $x$ durch Bestimmung von $Fe^{++}$ neben $Fe^{+++}$ und im Falle des Mg-Ferrits das $\gamma$ (der Inversitätsgrad) ermittelt werden.

Daneben stehen aber noch eine Reihe indirekter Methoden zur Verfügung, die Aussagen über einzelne dieser Größen zulassen:

1. Die Sättigungsmagnetisierung läßt sich, wie Néel gezeigt hat, bei Kenntnis der Zusammensetzung und der Kationenverteilung in guter Übereinstimmung mit den experimentell ermittelten Werten errechnen. Umgekehrt erhält man mit der Sättigungsmagnetisierung eine Bestimmungsgleichung für die obigen Unbekannten $x$, $\alpha$, $\beta$, $\gamma$, $\delta$.
2. Aus der Gewichtsänderung, etwa mit einer Thermowaage aufgenommen, kann die relative Änderung des Sauerstoffgehaltes bestimmt werden.
3. Da die elektrische Leitfähigkeit eng mit Elektronenplatzwechseln zwischen verschiedenwertigen Ionen zusammenhängt, kann sie Aussagen über Oxydations- und Reduktionsvorgänge liefern (s. H. Schröder, S. 22 ff.).
4. Die sogenannte magnetfeldinduzierte Anisotropie (das ist eine durch Tempern im Magnetfeld hervorgerufene einachsige Anisotropie) ist an Fehlordnungserscheinungen wie z. B. Kationenleerstellen gebunden und läßt daher umgekehrt Schlüsse über deren Auftreten zu (s. auch K. Motzke, S. 27 ff).

Abschließend sei noch bemerkt, daß die hier angeführten Probleme und Untersuchungen natürlich in erster Linie der Erweiterung unserer Kenntnisse über die Ferrite dienen sollen. Selbstverständlich sind sie aber auch für die den Techniker interessierende Hystereseschleife wichtig. Bei der Sättigungsmagnetisierung ist das selbstverständlich. Die elektrische Leitfähigkeit ist von Interesse für die Verluste; Anisotropien, wie die Kristallanisotropie, die magnetfeldinduzierte Anisotropie u. a. beeinflussen z. B. $\mu$ und $H_c$, und die Kenntnis der Phasendiagramme ist insofern wünschenswert, als dadurch Ausscheidungen vermieden werden können, die Hindernisse beim Magnetisierungsprozeß bilden.

Vorgetragen auf dem Kolloquium „Fragen der Physik und Chemie der Ferrite" am 1. und 2. März 1960, Berlin.

*Aus dem Institut für Magnetische Werkstoffe*
*der Deutschen Akademie der Wissenschaften zu Berlin, Jena*

# Über Versuche zur reproduzierbaren Herstellung eines Magnesium-Mangan-Ferrites mit rechteckförmiger Hystereseschleife

Von P. KLEINERT

*Zusammenfassung.* Die Herstellung eines Magnesium–Mangan-Ferrites der Zusammensetzung 40 Mol-% $Fe_2O_3$, 35 Mol-% MgO und 25 Mol-% MnO mit rechteckförmiger Hystereseschleife wird beschrieben. Die 5 mm-Schaltkerne mit einer standardisierten Schaltzeit von 1,4 μsec haben eine hohe Nutzspannung, gleichzeitig wird der gleiche Versatz auf seine Eignung als Mikrowellenferrit für 3,2 cm-Wellen geprüft. Die Hauptaufgabe der Arbeit bestand darin, den Ferrit reproduzierbar herzustellen. Hierunter wird eine konstante Technologie verstanden, einschließlich der Herstellung der Ausgangssubstanzen in p.a.-Qualität, die immer wieder zu Endprodukten mit nur geringer Streuung der magnetischen Daten führte. Diese Technologie wird bekanntgegeben und auf die Konstanthaltung der einzelnen Herstellungsparameter hingewiesen.

Im Dreistoffsystem MgO–MnO–$Fe_2O_3$ existieren nach E. ALBERS-SCHOENBERG [1] gemäß der Mol-Zusammensetzung zwei Bereiche (Abb. 1), die für die praktische Anwendung der Ferrite von Bedeutung sind. Das MgO-reichere Gebiet A ist für die Herstellung von Mikrowellen-Ferriten wichtig, weil diese eine große FARADAY-Drehung zeigen und die Verluste besonders niedrig sind. Die Ferrite des Gebietes B haben eine rechteckförmige Hystereseschleife, sie werden als Schalt- und Speicherkerne zur Bestückung elektronischer Rechenmaschinen verwendet.

Im Institut für Magnetische Werkstoffe bestand die Aufgabe, einen Rechteckferrit mit der konstanten Zusammensetzung 40 Mol-% $Fe_2O_3$, 35 Mol-% MgO und 25 Mol-% MnO zu entwickeln, der als 5 mm-Schaltkern mit einer Schaltzeit $\tau$ von 1,3—1,5 μsec (bei $H = 1{,}30$ Oe) und möglichst hoher Nutzspannung $U_i$ Verwendung finden konnte. Gleichzeitig sollte ohne nähere Qualitäts-Forderung die Verwendbarkeit des gleichen Versatzes als Mikrowellen-Ferrit in der Abmessung 58,7× 7,1× 7,1 mm für 3,2 cm-Wellen geprüft werden. Alle Herstellungsparameter sollten so beherrscht werden, daß es möglich sein würde, einschließlich der Herstellung der Ausgangssubstanzen die geforderten magnetischen Daten immer wieder zu erreichen, d. h. reproduzierbar zu arbeiten. Für Zwecke der Grundlagenforschung war es wichtig, die Ausgangsverbindungen ($\alpha$-$Fe_2O_3$, Mg- und Mn-Carbonat) in p. a.-Qualität zu erzeugen.

Als Reproduzierbarkeits-Kriterium wurden Kenngrößen der statisch aufgenommenen Hystereseschleife (Bewicklung der Schaltkerne, Recording-Fluxmeter mit Koordinatenaufzeichnung) verwendet. Abb. 2 zeigt eine idealisierte rechteckförmige Hystereseschleife im Koordinaten-System von magnetischer Feldstärke $H$ und magnetischer Induktion $B$. $B_m$ ist die bei der maximalen Aussteuerung $H_m$ erzeugte maximale Induktion, $B_r$ die Remanenz-Induktion, $H_c$ die Koerzitivkraft und $R_0 = B_r/B_m$ die relative Remanenz, die für die Schaltkerne als ausreichendes Kriterium für die Rechteckigkeit benutzt wurde. Die Schaltzeit $\tau$ ist dann, anschaulich dargestellt, die Zeit, die der Schaltkern benötigt, um von Zustand $-B_r$ nach $+B_m$ zu gelangen. Sie wurde mit einem Impuls-Verfahren, das nach einem Standard übereinkunftsgemäß festgelegt worden war, dynamisch gemessen.

Langwierige Vorversuche hatten ergeben, daß für ein $\tau$ von 1,3—1,5 $\mu$sec (bei $H = 1{,}30$ Oe) die statische Hystereseschleife für $H = 1{,}30$ Oe ein $B_m$ von etwa 1,5 kG, ein $H_c$ von etwa 0,5 Oe und ein $R_0$ von etwa 0,95 aufweisen mußte. Im folgenden wird nur die endgültige Ferrit-Technologie mitgeteilt, die die gewünschten magnetischen Daten für Schaltkerne lieferte.

$\alpha$-$Fe_2O_3$ wurde aus $\gamma$-FeOOH, das nach dem Verfahren von O. Glemser [2] durch Fällung einer $FeCl_2$-Lösung mit Urotropin und Oxydation mit $NaNO_2$ gewonnen wurde, durch zweistündiges Verglühen bei 700 °C hergestellt. Die $FeCl_2$-Lösung wurde dabei aus Permag-Eisen durch Auflösen in HCl unter Stickstoff erhalten, der für die Fällung benötigte

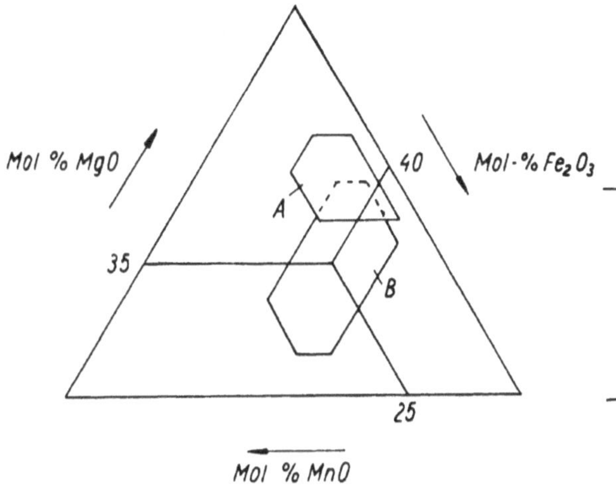


Abb. 1

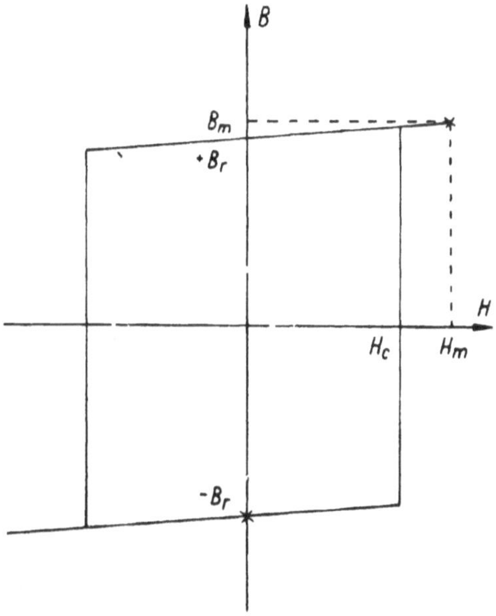


Abb. 2

$p_H$-Wert von 4 stellte sich durch Arbeiten mit Eisenüberschuß automatisch ein. Die einzelnen Chargen (mit etwa 60 g Ausbeute) schwankten in ihrer Farbe von hell- bis dunkelviolett, demzufolge war auch die elektronenmikroskopisch bestimmte Teilchengröße unterschiedlich, sie betrug etwa 0,5 $\mu$ bis 2 $\mu$. Die spektrochemische Analyse ergab eine Reinheit des $\alpha$-$Fe_2O_3$ von 99,98%, Spurenverunreinigungen waren Cu, Ni und Mn.

Magnesiumcarbonat wurde aus reinstem $Mg(NO_3)_2$ durch Fällung mit $NH_3$ und $(NH_4)_2CO_3$ und Temperaturbehandlung (60 °C) des Zwischenproduktes $Mg(HCO_3)_2$ hergestellt. Nach Trocknen bei 150 °C enthielt es 42,1% MgO, als Verunreinigung 0,1% $NH_4^+$ und Spuren von Cu, Mn und Si. Das Mangancarbonat war durch Fällung von reinstem $MnCl_2$ mit $(NH_4)_2CO_3$ bei Zimmertemperatur erhalten worden, nach Trocknen bei 60 °C enthielt es 56,7% MnO, 0,8% $NH_4^+$, 2,4% $Cl^-$ und Spuren von Sn, Cu und Si. Der verhältnismäßig hohe, nicht auswaschbare Anteil von Cl-Ionen deutet auf das Vorhandensein von basischem Manganchlorid hin.

Für jede Charge wurde das folgende technologische Schema durchlaufen; die Einwaage der Ausgangssubstanzen reichte zur Herstellung von etwa 900 Schaltkernen oder 6 Mikrowellenstäbchen.

| | | | |
|---|---|---|---|
| Einwaage ↓ | 50,0 g $\alpha$-$Fe_2O_3$<br>26,3 g $MgCO_3 \cdot xH_2O$<br>24,5 g $MnCO_3 \cdot xH_2O$ | | |
| Mischen ↓ | Homogenisierung | $1^h$ Vibratom, trocken | |
| Vorbrand ↓ | Oxydformierung, Spinellbildung | $1^h$ 1100 °C, Luft | doppelt ausgeführt |
| Mahlen ↓ | Homogenisierung,<br>Einstellung der Korngröße | $2^h$ Vibratom,<br>trocken | |
| Pressen ↓ | Formgebung von Ringen und Stäben | einseitiger Preßdruck von 800 kp/cm², trocken | |
| Garbrand ↓ | Herstellung des dichten Sinterkörpers,<br>kein „schaltfähiger“ Kern | $1^h$ 1480 °C, Luft | |
| Stickstoffbrand | Einstellung der Wertigkeitsstufen ($Mn^{+++} \rightarrow Mn^{++}$), Aufrichtung der Hystereseschleife, „schaltfähiger“ Kern | $1^h$ 1100 °C, $N_2$ | |

Die verwendeten Öfen wurden in bezug auf ihre Anheizkurve, absolute Temperaturhöhe im Regelbereich, Regelcharakteristik, Temperaturverteilung in der Ofenkammer bzw. im Ofenrohr und die Abkühlkurve mit Thermoelementen ausgemessen. Die Anheizkurve wurde standardisiert, das Abkühlen erfolgte stets langsam nach dem Isolationsvermögen des Ofens. Im Regelbereich konnten folgende Temperaturen eingehalten werden:

| | | |
|---|---|---|
| Vorbrand | Sillit-Stäbe | $\leqq \pm$ 20 °C |
| Garbrand-Ofen | Super-Kanthal-Elemente | $\leqq \pm$ 5 °C |
| Stickstoffbrand-Ofen | Sillit-Stäbe, Pyrolan-Rohr | $\leqq \pm$ 17 °C |

Die größte Aufmerksamkeit war dem Stickstoffbrand zu widmen, dessen einwandfreies Funktionieren mit sog. Testkernen laufend überprüft wurde. Diese Kerne waren gargebrannt und zeigten bei einwandfreiem Funktionieren des Stickstoffofens (in bezug auf Atmosphäre und Temperaturhöhe) die gewünschten magnetischen Daten. Sie wurden den verschiedenen Chargen mitgegeben, Abweichungen ihrer Daten erwiesen Mängel des Stickstoffbrandes. Der Stickstoffbrand bewirkte eine Aufrichtung der Hystereseschleife, wahrscheinlich durch Reduktion der im Garbrand erzeugten höheren Mangan-Wertigkeitsstufen. Sie bestand in einer Erhöhung von $B_m$ (etwa 100%) und $R_0$ (etwa 5%) sowie einer Senkung von $H_c$ (etwa 30%) bei einer Aussteuerung von 1,30 Oe. Beim Ersatz der Reinststickstoffatmosphäre (mit einem Restsauerstoffgehalt von etwa $4 \cdot 10^{-5}$ %) durch Vakuum von etwa $3 \cdot 10^{-4}$ mm Hg wurden im gleichen Ofen bei gleicher Fahrweise annähernd die gleichen magnetischen Resultate erhalten.

Die Reproduzierbarkeit wurde an 5 Chargen erwiesen, die dabei erzielten magnetischen Daten lagen stets innerhalb der Fehlergrenzen der verwendeten Meßmethoden.

An den fertig gebrannten Schaltkernen wurden im einzelnen die folgenden Ergebnisse erhalten:

1) Statische Hystereseschleife bei $H = 1{,}30$ Oe, wo jeweils 3 willkürliche Kerne jeder Charge gemessen wurden.
   $B_m = 1{,}66$ kG Fehlergrenze der Meßmethode 1—2,5%
   $H_c = 0{,}56$ Oe
   $R_0 = 0{,}95$.

2) Schaltzeit und Nutzspannung bei $H = 1{,}30$ Oe, wo jeweils 2 willkürliche Kerne jeder Charge gemessen wurden (ausgeführt von Herrn Dr. VOGLER).
   $\tau = 1{,}4\ \mu$sec Fehlergrenze der Meßmethode 10%
   $U_i = 366$ mV/mm².

3) Gleichförmigkeitsprüfung (ausgeführt von Herrn Dr. VOIGT) in bezug auf ein mit einem 100 kHz-Verfahren ermitteltes relatives $B_m'$. Das Prüfverfahren ohne umständliche Kernbewicklung erlaubte die Testung größerer Stückzahlen, es wurden jeweils 50 willkürliche Kerne jeder Charge gemessen. Die Häufigkeitskurven zeigten ein nur geringes Streuen der relativen $B_m'$-Werte.

4) Schliffbilder, nach normaler Oberflächenbearbeitung und Ätzung an verschiedenen Kernstellen aufgenommen, ergaben etwa gleiches Gefüge mit durchschnittlichen Korngrößen von etwa 20—50 $\mu$.

Bei den Mikrowellenstäbchen erwiesen die Messungen (ausgeführt von Herrn Dipl.-Phys. LINZEN) mit 3,2 cm-Wellen und einem überlagerten magnetischen Gleichfeld von 540 Oe ebenfalls die reproduzierbare Herstellung. Es ergaben sich Drehwinkel von 67,4°, die magnetischen Verluste betrugen 0,021 db/cm. Die Dichte der endgesinterten Produkte war 4,50 g/cm³, die Sättigungsmagnetisierung wurde zu 53,2 emE · $g^{-1}$ und der CURIE-Punkt zu 288 °C bestimmt.

In der vorliegenden Arbeit konnte erwiesen werden, daß bei Konstanthaltung gewisser Parameter ein Ferrit mit rechteckförmiger Hystereseschleife reproduzierbar hergestellt werden kann. Neben der Einhaltung immer wieder verwendeter technologischer Arbeitsvorgänge war das Beherrschen der Öfen, vor allen Dingen der in Fremdgasatmosphäre betriebenen, Voraussetzung. Ebenfalls notwendig war der Einsatz von Ausgangsstoffen mit möglichst großer chemischer Reinheit, vor allem auch deshalb, um exakte Aussagen für die Grundlagenforschung machen zu können. Das Institut für Magnetische Werkstoffe stellt heute sämtliche Ferritausgangssubstanzen in einem Technikum in etwas größeren Mengen selbst her und ist damit von Qualitätsschwankungen gelieferter Chemikalien unabhängig geworden.

## LITERATUR


[1] ALBERS-SCHOENBERG, E., Ferrites for Microwave Circuits and Digital Computers, J. appl. Physics 25, 152 (1954).

[2] GLEMSER, O., Über Darstellung und katalytische Wirksamkeit von reinem $\gamma$-FeOOH und daraus gewonnenem $\alpha$-$Fe_2O_3$, Chem. Ber. 71, 158 (1938).


Vorgetragen auf dem Kolloquium „Fragen der Physik und Chemie der Ferrite“ am 1. und 2. März 1960, Berlin.

*Aus dem Institut für Magnetische Werkstoffe*
*der Deutschen Akademie der Wissenschaften zu Berlin, Jena*

# Zur Herstellung von Ferriteinkristallen nach dem Verneuil-Verfahren

Von G. ELBINGER

*Zusammenfassung.* Nach einer kurzen Abschätzung der wesentlichen Methoden zur Ferriteinkristallherstellung (Bleioxyd- oder Boraxschmelze, Tiegelmethode, Verneuil-Verfahren) wird ausführlich auf einige Probleme des Verneuil-Verfahrens eingegangen. Es werden der Aufbau des Ofens, die Herstellung der Kristalle mittels Keimauslese und Impfkristall sowie Fragen der Pulverauswahl behandelt.

Hergestellt wurden Proben folgender Zusammensetzung des Ausgangspulvers:

$$Ni_xFe^{2+}_{1-x}Fe_2O_4\,,\quad Mg_xFe^{2+}_{1-x}Fe_2O_4 \quad \text{und} \quad (MgO)_{0,35}(MnO)_{0,25}(Fe_2O_3)_{0,40}\,,$$

wobei besonders auf die Vermeidung von Ausscheidungen geachtet wurde. Einige magnetische Untersuchungen zeigten die relativ gute Homogenität der gezogenen Einkristalle.

Befaßt man sich mit der Grundlagenforschung an Festkörpern, so stößt man bald auf eine Reihe von physikalischen Eigenschaften, die von der kristallografischen Orientierung des Körpers abhängen und die es wünschenswert erscheinen lassen, Untersuchungen an Einkristallen vorzunehmen. Es seien hier nur die magnetische Kristallanisotropie, die ferromagnetische Resonanz, Arbeiten über die magnetische Bereichsstruktur oder die elektrische Leitfähigkeit erwähnt.

Brauchbare Ferriteinkristalle gewinnt man heute im wesentlichen nach drei Verfahren:

1) Bleioxyd- oder Boraxschmelze,
2) Tiegelmethode,
3) Verneuil-Verfahren.

Nach dem Verfahren 1) werden in einem Platintiegel Bleioxyd oder Borax (als Flußmittel) und Ferritpulver soweit erhitzt (etwa 900—1300 °C — je nach Zusammensetzung), bis sich alles gelöst hat. Dann wird die Schmelze langsam (1 bis 100 °C/h) abgekühlt, wobei kleine Ferriteinkristalle auskristallisieren. Dabei entstehen jedoch im allgemeinen nur wenige mm große, allerdings recht gute Einkristalle. Große Kristalle stellt man nach 2) und 3) her; beide Verfahren haben ihre Vor- und Nachteile.

Zur Tiegelmethode 2) ist zu erwähnen, daß man hier zwar leicht in jeder gewünschten Atmosphäre arbeiten und relativ große Kristalle, die auch in ihrer Güte (bezüglich Risse und Lunker) sehr gut sind, herstellen kann, daß jedoch Platintiegel z. Z. noch unumgänglich sind, die wiederum wegen des hohen Schmelzpunktes der Ferrite (1400 bis 1800 °C) nicht überall anwendbar sind, daß beim Bau des Ofens ziemliche Schwierigkeiten zu überwinden sind und daß die Dauer eines Herstellungsprozesses 1 bis 3 Tage beträgt. Beim Verneuil-Verfahren 3) arbeitet man tiegelfrei, auch ist der Ofen wesentlich einfacher gebaut und schließlich sind zeitlich keine Schranken gesetzt. Dafür sind die Kristalle in ihrer Größe beschränkt, sie enthalten meist Risse und manchmal auch Lunker, ihre Zusammensetzung ist nicht immer einwandfrei, da ein Arbeiten in verschiedenen Atmosphären fast unmöglich ist.

Wir haben uns bis jetzt fast ausschließlich mit dem Verneuil-Verfahren beschäftigt [1], das wir einigermaßen zu beherrschen glauben, Arbeiten mit der Tiegelmethode laufen an, während die Bleioxyd- oder Boraxschmelze wegen der Kleinheit der Kristalle zunächst zurückgestellt wurde.

Das VERNEUIL- oder Knallgasverfahren ist von der Edelsteinherstellung - dafür wurde es entwickelt - übernommen worden, wobei einige Änderungen erforderlich waren. Der Grundgedanke der Methode besteht darin, daß ein vertikal aufgestelltes Knallgasgebläse, dessen Brennerspitze nach unten zeigt, das Schmelzgut auf einer geeigneten Unterlage (Schamottestift) zusammenschmilzt. Durch stetige Pulverzufuhr und gleichzeitiges Absenken der Unterlage wird dieser Vorgang kontinuierlich fortgesetzt und so versucht, einen Kristall zu erhalten.

Der VERNEUILofen besteht aus drei konzentrischen Rohren, die unten in Düsen enden (Abb. 1). Durch die innere und durch die äußere Düse strömt Sauerstoff, durch die mittlere Wasserstoff. Die äußere Sauerstoffzuführung – bei der Edelsteinherstellung nicht erforderlich – hat den Zweck, im Brennraum eine oxydierende Atmosphäre zu erzeugen und eine Reduktion des dreiwertigen Eisens bzw. die Ausbildung einer zweiten Phase möglichst zu verhindern[1]). Die innere Sauerstoffzuführung endet oben in einem Trichter, in dem sich in einer Büchse, deren Boden ein Sieb ist, das zu schmelzende Pulver befindet. Dieses wird durch Bürsten, die auf dem Siebboden rotieren, durch das Sieb gedrückt und gelangt — vom Sauerstoffstrom mitgerissen — in die Brennzone. Hier sammelt es sich auf dem Schamottestift. Dessen Stellung ist anfangs so, daß das Pulver nicht schmilzt, sondern nur zusammensintert und einen ,,Aschekegel" bildet, der langsam in die heißeste Zone hineinwächst, bis die Spitze die Schmelztemperatur erreicht hat und eine Schmelzperle bildet. Die Absenkgeschwindigkeit muß nun so gewählt werden, daß sich die Schmelzperle langsam zu einem Kristall ausbildet, dessen Oberfläche ständig genügend flüssig ist.

Um nun einen Einkristall zu erhalten, verfährt man im allgemeinen so, daß nach Bildung der Schmelzperle Gas- und Pulverzufuhr langsam gedrosselt werden und die Perle zu einem dünnen Stift (⌀ 1—2 mm, Länge 3—5 mm) auswächst, um so eine Keimauslese durchführen zu können. Durch allmähliche Steigerung der Gas- und Pulvermengen wird dieser Stift langsam verbreitert.

Bei der Herstellung von Ferriteinkristallen brachte dieses Verfahren jedoch nicht den gewünschten Erfolg. Einmal dauerte das Ziehen eines einwandfreien Stiftes 2 bis 3 Stunden, dann ist eine Verjüngung bzw. Verbreiterung des Kristalles durch Regelung der Gaszufuhr fast unmöglich und schließlich besteht er oft aus nicht nur einem Kristall.

Deshalb wurden aus den vorhandenen Proben kleinere Kristalle ausgesucht, die als Impflinge Verwendung fanden. Waren sie genügend lang (6 bis 8 mm), so wurden sie direkt auf dem Schamottestift oder sonst auf einem dünnen Sinterkorundröhrchen, das auf dem Schamottestift steckte, aufgekittet. Damit wurden wesentlich bessere Ergebnisse erhalten. Dies vor allem, nachdem es durch Anwendung einer thermischen Ätzung[2]) gelungen war, die Impfkristalle einwandfrei auszuwählen. Bei sorgfältigem Arbeiten ist es möglich, einen Impfkristall einer bestimmten Ferritsorte beliebig oft zur Herstellung von Kristallen zu verwenden.

Ob die hergestellte Probe ein Einkristall ist oder nicht, kann man oft schon an ihrem äußeren Glanz feststellen. Mitunter zeigt aber die Oberfläche diesen Glanz nicht (entweder ist sie von angesintertem Material bedeckt oder es ziehen sich Längskristalle auf ihr ent-

---

[1]) Eine teilweise Reduktion des $Fe^{3+}$ läßt sich trotz des Sauerstoffüberschusses offensichtlich nicht umgehen (siehe Vortrag von Dr. P. KLEINERT, Chemische Analyse der Ferrite).

[2]) Wir haben die thermische Ätzung fast ausschließlich an Luft bei 900—1100 °C (1—20 Stunden) durchgeführt. Nach dieser Behandlung erkennt man auf der Probe unter dem Mikroskop bei etwa 400facher Vergrößerung ausgeprägte Ätzfiguren. Die gleiche Behandlung im Vakuum ($10^{-1}$ bis $10^{-2}$ mm Hg) brachte eine Verschlechterung des Effektes. Wir konnten keine eindeutigen Wachstumsfiguren mehr erkennen.

lang). Dann kann man den Kristall anschleifen und chemisch ätzen. Dabei stellt man sehr oft die überraschende Tatsache fest, daß die außen sichtbaren Längskristalle nur ganz dünn sind, und das Innere einkristallin ist.

Zur Pulverauswahl sei folgendes gesagt. Unsere ersten Untersuchungen wurden an technischem Material (Nickel- und Magnesiumferrit) durchgeführt, später konnte zu reinen Ausgangssubstanzen übergegangen werden[3]). Dabei mußte festgestellt werden, daß mit

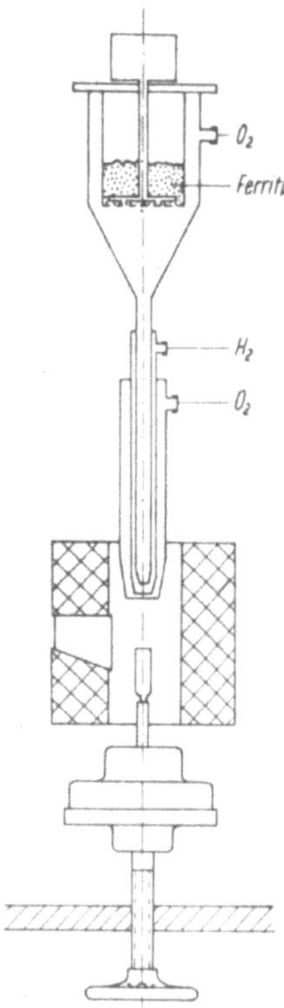


Abb. 1. Schema eines Verneuil-Ofens

Abb. 2. Gewachsener Einkristall

reinem Pulver, das außerdem noch feiner war, wesentlich bessere Ergebnisse erzielt wurden. Einmal konnte die Absenkgeschwindigkeit etwa verdoppelt werden und dann wiesen die Kristalle weniger Risse auf.

Zusammenfassend kann gesagt werden:

1. Der Durchmesser der Kristalle liegt zwischen 4 und 10 mm (Abb. 2),
2. Die Absenkgeschwindigkeit beträgt 3 bis 6 mm/h, dabei ist ein Überlaufen der Schmelzkuppe ungefährlicher als zu frühes Absenken,
3. Ein Arbeiten mit Impflingen (3 bis 4 mm) erhöht die Wahrscheinlichkeit, einen Einkristall zu erhalten,

[3]) Diese lagen als fertig gebranntes Ferritpulver vor und waren aus Eisenoxyd und den Karbonaten hergestellt. Die Reinheit des $Fe_2O_3$ lag bei 99,98%, während die Gesamtverunreinigungen bei $NiCO_3$ $< 0,02\%$ und bei $MgCO_3$ $< 0,5\%$, davon $NO^{3+}$ 0,4% betrugen. Für die Durchführung der Analysen bin ich Herrn Dr. P. Kleinert sehr zu Dank verpflichtet.

4. Der Impfling darf nicht breitlaufen und es dürfen auch keine zu breiten Impfkristalle verwendet werden,
5. Sehr wesentlich sind Güte und Vorbehandlung des Pulvers.

Hergestellt wurden bis jetzt Kristalle folgender Zusammensetzung des Ausgangspulvers:

$$\left.\begin{array}{l} Ni_xFe^{2+}_{1-x}Fe_2O_4 \\ Mg_xFe^{2+}_{1-x}Fe_2O_4 \end{array}\right\} x = 1;\ 0{,}75;\ 0{,}5;\ 0{,}25;\ 0$$

$$(MgO)_{0,35}(MnO)_{0,25}(Fe_2O_3)_{0,40}\,.$$

Dazu ist folgendes zu bemerken: Wir haben bei unseren Arbeiten ein großes Augenmerk auf die Tatsache gerichtet, rißfreie Kristalle herzustellen. Durch langsame Abkühlung der Proben nach Beendigung der Herstellung konnte die Zahl der Risse wesentlich verringert, jedoch nicht völlig beseitigt werden. Die langsame Abkühlung bringt aber folgenden Nachteil mit sich: Die Kristalle mit $x \leq 0{,}75$ enthalten dann Ausscheidungen von $Fe_2O_3$, die sie für viele Untersuchungen ungeeignet werden lassen. Bei den schnell abgekühlten Proben tritt diese Erscheinung erst ab $x \approx 0{,}25$ auf. Hier ist sie ohne Änderung der Gasatmosphäre nicht zu umgehen.

An den aus technischem und reinem Nickel- und Magnesiumferrit hergestellten Proben wurden einige Untersuchungen durchgeführt, die das Ziel hatten festzustellen, wie weit sich die Kristalle in ihren Eigenschaften unterscheiden. Gemessen wurden die magnetische Kristallanisotropiekonstante $K_1$, die Dichte $\varrho$, die spontane Magnetisierung $\sigma$ und die Gitterkonstante $a$. Es konnte festgestellt werden, daß sich die Kristalle in ihren Eigenschaften kaum unterscheiden.

Die prozentualen Abweichungen waren etwa gleich den Meßgenauigkeiten, so daß nicht entschieden werden konnte, ob die gemessenen Abweichungen Unterschiede in den Kristallen oder Meßfehler sind.

Unsere künftigen Arbeiten werden darauf gerichtet sein, riß- und ausscheidungsfreie Einkristalle zu erhalten. In den Fällen, in denen sich beides gleichzeitig mit dem VERNEUIL-Verfahren nicht erreichen läßt, hoffen wir, mit der Tiegelmethode zum Ziel zu kommen.

## LITERATUR

[1] ELBINGER, G., Herstellung von Ferriteinkristallen nach dem VERNEUIL-Verfahren, Exp. Techn. Physik 7, 193 (1959).

Vorgetragen auf dem Kolloquium „Fragen der Physik und Chemie der Ferrite“ am 1. und 2. März 1960, Berlin.

*Aus dem Institut für Magnetische Werkstoffe*
*der Deutschen Akademie der Wissenschaften zu Berlin, Jena*

# Über analytische Untersuchungen an Ferriten (Wertigkeits- und Sauerstoffbestimmung)

Von P. KLEINERT

*Zusammenfassung.* Es werden ein indirekter und ein direkter Weg zur chemischen Bestimmung des Oxydationsgrades von Ferriten, hervorgerufen durch deren Glühbehandlung bei hohen Temperaturen, aufgezeigt. Die indirekte Methode, die auf dem Redoxverhalten gegen Titriermittel nach dem Lösen in Säuren beruht, wird auf ihre Aussagemöglichkeit hinsichtlich der Bestimmung sog. anormaler Wertigkeitsstufen in Ferriten kritisch beleuchtet. Für eine direkte Methode der Wertigkeitsbestimmung werden Versuche mitgeteilt; sie zeigen Schwierigkeiten, die sich bei der Überführung der im Festkörper „eingefrorenen" anormalen Wertigkeiten durch geeignete chemische Behandlungen für das Wertigkeitsproblem ergeben.

Ein grundlegender Beitrag der Chemie zur Lösung des Problems der Kationenverteilung in Ferriten ist die Angabe der Gesamtanalyse der fertig gebrannten Produkte unter Berücksichtigung sämtlicher Wertigkeiten der Kationen. Sie werden als anormale Wertigkeiten bezeichnet, wenn sie (z. B. für ein Zweistoffsystem) von der allgemeinen Formel $A^{2+}Fe_2^{3+}O_4$ abweichen. Bei der Glühbehandlung unter Anwendung z. T. beträchtlicher Temperaturen (1100°—1600 °C) entstehen sie durch Sauerstoffaufnahme (A-Wertigkeiten $> 2+$) oder -abgabe (Fe-Wertigkeiten $< 3+$).

Für die Analytik gibt es praktisch eine indirekte und eine direkte Methode. Erstere beruht auf einer titrimetrischen Bestimmung des Redoxverhaltens der Kationen nach dem Lösen in geeigneten Säuren, wobei der Verbrauch an Titriermittel auf Sauerstoffäquivalente umgelegt wird und eine quantitative Aussage über den Sauerstoffüber- oder -unterschuß gegenüber der stöchiometrischen Ferritformel gestattet; in gewissen Fällen ist auch die Angabe einer bestimmten anormalen Wertigkeit möglich. Letztere würde fordern, die einzelnen Wertigkeitsstufen nach geeigneter chemischer Umsetzung zu trennen und dann quantitativ zu erfassen. Diese Methode ist bisher wegen der großen Schwierigkeiten bei Ferriten auf chemischem Wege noch nicht realisiert worden.

Bei der indirekten Methode nach E. W. GORTER [1] wird der Ferrit unter Zusatz einer bekannten Menge an Fe(II)-Ionen (als 0,05n $(NH_4)_2Fe(SO_4)_2$-Lösung) mit Salzsäure (6n) im Bombenrohr in inerter Atmosphäre in Lösung gebracht. Die nach dem Lösen insgesamt vorhandenen Fe(II)-Ionen werden mit 0,01n oder 0,1n $Ce(SO_4)_2$-Lösung potentiometrisch titriert. Wegen der oxydierenden Eigenschaften der Salzsäure (durch freies Chlor, vor allem bei den Temperaturen von etwa 200 °C im Bombenrohr) muß eine Differenzmethode benutzt werden, d. h. es ist stets eine parallel gleich behandelte Blindprobe ohne Ferriteinwaage mit zu berücksichtigen. Der Verbrauch an Titriermittel nach dem Lösen ergibt für die Ferritprobe $V_m$ und für die Blindprobe $V_0$. Die Differenz beider ist ein Maß für den Oxydationsgrad oder in eindeutigen Fällen für den Fe(II)-Gehalt des Ferrites.

Die Wirkung der beim Lösen zugesetzten Fe(II)-Ionen gestattet die nachstehend aufgeführten Aussagen:

1) In Fällen, wo nur $Fe^{2+}$ im Ferrit vorliegen kann, ist eine direkte Angabe in Gewichtsprozent $Fe^{2+}$ möglich. In der Differenzmethode ist dann immer $V_m > V_0$. Betrachtet man einmal an einigen stöchiometrischen Ferriten die Möglichkeiten des Auftretens anormaler Wertigkeiten, so gewinnt man folgendes Bild:

| | | |
|---|---|---|
| $FeO \cdot Fe_2O_3$ | $Fe^{2+}$ | $Fe^{3+}$ |
| $MgO \cdot Fe_2O_3$ | $Mg^{2+}$ $Fe^{2+}$ | $Fe^{3+}$ |
| $NiO \cdot Fe_2O_3$ | $Ni^{2+}$ $Fe^{2+}$ | $Fe^{3+}$ $((Ni^{3+}))$ |
| $CoO \cdot Fe_2O_3$ | $Co^{2+}$ $Fe^{2+}$ | $Fe^{3+}$ $((Co^{3+}))$ |
| $MnO \cdot Fe_2O_3$ | $Mn^{2+}$ $Fe^{2+}$ | $Fe^{3+}$ $Mn^{3+}$ $(Mn^{4+})$ |

Wahrscheinlichkeit der Wertigkeitsänderung der zweiwertigen Metallkomponente

Die Angabe des Fe(II)-Gehaltes nach der vorliegenden Methode ist für Magnetit und Mg-Ferrit möglich, evtl. auch für Ni- und Co-Ferrit.

2) In Fällen, wo außer $Fe^{2+}$ noch höhere Wertigkeiten der zweiwertigen Metallkomponente möglich sind, also im Manganferrit und in technisch wichtigen weichmagnetischen Manganferriten mit Zusatz von MgO und ZnO, können einzelne Wertigkeiten nicht angegeben werden. Hier wird lediglich die nach dem Lösen vorliegende Differenz der anormalen Wertigkeiten bestimmt, z. B. nach

$$Mn^{3+} + Fe^{2+} \rightarrow Mn^{2+} + Fe^{3+} .$$

Der Oxydationsgrad des Ferrites wird dann in Gewichtsprozenten $O_2$ angegeben.

Für die obige Gleichung sind nach dem titrimetrischen Differenzverbrauch drei Aussagen möglich:

1. $V_m - V_0 = 0$
   Im Festkörper war weder $Mn^{3+}$ noch $Fe^{2+}$ vorhanden oder gerade im Verhältnis 1:1. Dieser Fall ist praktisch äußerst unwahrscheinlich.
2. $V_m - V_0 > 0$
   Im Festkörper überwiegt $Fe^{2+}$, es kann nicht entschieden werden, ob noch $Mn^{3+}$ vorhanden war.
3. $V_0 - V_m > 0$
   Im Festkörper überwiegt $Mn^{3+}$, es kann nicht entschieden werden, ob noch $Fe^{2+}$ vorhanden war.

Die Verhältnisse werden bedeutend komplizierter, wenn außer $Mn^{3+}$ noch $Mn^{4+}$ diskutiert wird, dessen Auftreten in manganhaltigen Ferriten sehr wahrscheinlich ist.

Es wurden monokristalline Ferrite, die aus der Schmelze hergestellt worden waren, wie auch polykristalline Ferrite analysiert. Erstere waren bei etwa 1600 °C geschmolzen, letztere bei etwa 1200°—1480 °C gesintert. Die Gorter-Methode wurde weiterentwickelt und ein Verfahren für die Fe(II)-Bestimmung ohne Differenzmethode nach Lösen der Ferrite in Schwefelsäure im Bombenrohr gefunden. Beim Lösen der Ferrite in Salzsäure (1:1) erübrigte sich das umständliche Arbeiten im Bombenrohr, sie konnten schon (außer Ni-Ferrit) durch einfaches Kochen am Rückfluß aufgeschlossen werden. Für die Untersuchung besonders kleiner Proben mit Einwaagen von 50 mg (Einkristalle, einzelne 5 mm-Schaltkerne von Mg–Mn-Ferrit) wurde ein empfindliches Verfahren durch Titration mit 0,01n $Ce(SO_4)_2$ ohne potentiometrische Endpunktsbestimmung entwickelt. Alle Lösungsvorgänge benötigten eine Schutzgasatmosphäre ($N_2$); bei der Angabe der Fehlergrenze wurde nur der Titrierfehler berücksichtigt, der durch das Tropfenvolumen verursacht wird.

In einigen Fällen der folgenden Beispiele sind die Gewichtsprozente $Fe^{2+}$ molar auf die Ferritformel umgerechnet. Das Auftreten der anormalen Fe(II)-Wertigkeit macht sich in der Abweichung des Sauerstoffgehaltes von 4 bemerkbar.

a) $Fe^{2+}$-Bestimmung

| | |
|---|---|
| Lösen: | 10 ml HCl (1:1); 5 ml 0,05n $(NH_4)_2Fe(SO_4)_2$, Kochen bei Normaldruck, Differenzmethode. |
| Titrieren: | 0,05n $KMnO_4$ |
| Magnetit | unstöchiometrisch, Pulver, 20,4% $Fe^{2+}$, $Fe^{2+}_{0,84}\,Fe^{3+}_{2,16}\,O_{4,07}$ |
| Mg-Ferrit | stöchiometrisch, polykrist., 0,7% $Fe^{2+}$, $Mg^{2+}_1\,Fe^{2+}_{0,03}\,Fe^{3+}_{1,97}\,O_{3,98}$ |
| Mg-Ferrit | stöchiometrisch, monokrist., 6,9% $Fe^{2+}$, $Mg^{2+}_1\,Fe^{2+}_{0,25}\,Fe^{3+}_{1,75}\,O_{3,88}$ |

Die Fehlergrenze beträgt für Einwaagen von 150 mg ± 0,1 % $Fe^{2+}$.

b) $Fe^{2+}$-Bestimmung

| | | |
|---|---|---|
| Lösen: | 10 ml $H_2SO_4$ (1:2) Im Bombenrohr bei 250 °C, ohne Differenzmethode. | |
| Titrieren: | 0,05n $KMnO_4$ | |
| Magnetit | unstöchiometrisch, Pulver | 20,1% $Fe^{2+}$ |
| Ni-Ferrit | stöchiometrisch, polykrist. | 0,9% $Fe^{2+}$ |
| Ni-Ferrit | stöchiometrisch, monokrist. | 5,5% $Fe^{2+}$ |

Die Fehlergrenze beträgt für Einwaagen von 150 mg ± 0,05% $Fe^{2+}$.

c) $O_2$-Bestimmung

| | | |
|---|---|---|
| Lösen: | 10 ml HCl (1:1); 0,05n $(NH_4)_2Fe(SO_4)_2$ wechselnder Menge, Kochen bei Normaldruck, Differenzmethode. | |
| Titrieren: | 0,05n$KMnO_4$ oder 0,01n $Ce(SO_4)_2$ mit Indikator Ferroin | |
| Mg–Mn-Ferrit | polykristallin 1,06% $O_2$ | stets war $V_0 - Vm > 0$ |
| Mg–Mn-Ferrit | monokristallin 0,50% $O_2$ | (Mn-Wertigkeit > 2+) |

Die Fehlergrenze beträgt für Einwaagen von 150 mg und 0,05n $KMnO_4$ ± 0,02% $O_2$, für Einwaagen von 50 mg und 0,01n $Ce(SO_4)_2$ ± 0,01% $O_2$. Der Mg–Mn-Ferrit hatte eine Ausgangszusammensetzung von 40 Mol-% $Fe_2O_3$, 35 Mol-% MgO und 25 Mol-% MnO.

Alle unter a) bis c) genannten Resultate sind absolut untereinander vergleichbar, da die Verfahren mit einem sog. „Normal"-Magnetit, hergestellt nach F. Haber und A. Kaufmann [2], überprüft wurden und im Rahmen eines geringen Fehlers die gleichen Ergebnisse lieferten.

K. E. Kleiner [3] beschrieb eine Methode zur direkten Sauerstoffbestimmung in einfachen Metalloxyden, z. B. MgO, $Fe_2O_3$ und $Al_2O_3$, die auf deren Umsetzung mit Dischwefeldichlorid beruht:

$$2\,Me^{II}O + 2\,S_2Cl_2 \rightarrow 2\,Me^{II}Cl_2 + 3\,S + SO_2$$
$$2\,Me^{III}_2O_3 + 6\,S_2Cl_2 \rightarrow 4\,Me^{III}Cl_3 + 9\,S + 3\,SO_2$$

Die Umsetzung erfolgt bei etwa 700 °C mit $N_2$ als Trägergas, wobei das Dischwefeldichlorid gemäß seines Dampfdruckes mitgeführt wird. Das Schwefeldioxyd wird jodometrisch bestimmt und gestattet die Umrechnung auf den Sauerstoffgehalt des Oxydes. P. Kleinert und A. Funke [4] wandten die Methode erstmalig auf Ferrite an, z. B.

$$Fe^{II}O \cdot Fe^{III}_2O_3 + 4\,S_2Cl_2 \rightarrow Fe^{II}Cl_2 + 2\,Fe^{III}Cl_3 + 6\,S + 2\,SO_2$$

Die $O_2$-Bestimmung hiernach war ausreichend genau. Allerdings genügte sie nicht zur sicheren Berechnung geringer Fe(II)-Gehalte (unter 1%) wie z. B. in Mg-Ferrit.

Eine weitere Möglichkeit zur Lösung des Wertigkeitsproblems mit einer direkten Methode ergab sich, als am Magnetit bei der Reaktion mit $S_2Cl_2$ weiße $FeCl_2$- und braune $FeCl_3$-Sublimate beobachtet werden konnten. Es wurde versucht, sie durch Behandeln mit wasserfreien organischen Lösungsmitteln zu trennen und zu bestimmen. Die Trennung gelang mit absolutem Äther, jedoch zeigte sich, daß bei den hohen Aufschlußtemperaturen (700 °C) die Wertigkeiten des Festkörpers verändert wurden. An Stelle der geforderten 20,4% $Fe^{2+}$ beim Magnetit wurden z. B. 68,2% $Fe^{2+}$ gefunden. Versuche an reinem $\alpha$-$Fe_2O_3$

lieferten nach dieser Methode ebenfalls erhebliche $Fe^{2+}$-Anteile. Wahrscheinlich zersetzt sich ein Teil des gebildeten $FeCl_3$ thermisch in $FeCl_2$ und Chlor. Nach C. FRIEDEL und J. M. CRAFTS [5] beginnt dieser thermische Zerfall schon bei 430 °C.

Eine Temperaturerniedrigung beim Aufschluß wurde durch Arbeiten mit flüssigem Dischwefeldichlorid im Bombenrohr erreicht. Bei 200 °C reagierte Magnetit ebenfalls nach der obigen Gleichung quantitativ. Nach der Entfernung des überschüssigen Dischwefeldichlorids mit wasserfreiem Schwefelkohlenstoff gelang auch hier mit absolutem Äther die Trennung des kristallisierten $FeCl_2$ und $FeCl_3$. Die Bestimmung ergab jedoch an Stelle der gesuchten 20,4% $Fe^{2+}$ nur z. B. 2,1% $Fe^{2+}$. Die quantitativen Verhältnisse sind also gerade umgekehrt wie beim gasförmigen Arbeiten. Möglicherweise wird hier durch einen teilweisen Zerfall (auch bei den tieferen Temperaturen) des Dischwefeldichlorids zu Schwefel und Chlor das $FeCl_2$ zum größten Teil aufoxydiert.

Die Methode der direkten Wertigkeitsbestimmung in Ferriten auf diesem erst in jüngster Zeit beschrittenen Wege erscheint trotz der bisherigen Fehlschläge erfolgversprechend. Die weitere Entwicklung wird darin bestehen, eine Vielzahl geeigneter Halogenisierungsmittel (in bezug auf ihre Reaktivität mit dem Festkörper und ihre thermische Beständigkeit) in wasserfreiem Medium zu erproben.

## LITERATUR

[1] GORTER, E. W., Saturation Magnetization and Crystal Chemistry of Ferrimagnetic Oxides, Philips Res. Rep. 9, 340 (1954).

[2] HABER, F., A. KAUFMANN, Über den kathodischen Angriff des Eisens in Ammonnitratlösung und über ein neues Eisenoxyduloxyd, Z. Elektrochem. 7, 733 (1901).

[3] KLEINER, K. E., Neuartige Sauerstoffbestimmung in Metallen und Oxyden mit Hilfe von Dischwefeldichlorid, Ukrainski Chemitschni Shurnal 22, 809 (1956).

[4] KLEINERT, P., A. FUNKE, Über Reaktionen von Magnesiumferrit und Magnetit mit Dischwefeldichlorid, Naturwissenschaften 47, 106 (1960).

[5] FRIEDEL, C., J. M. CRAFTS, C. R. hebd. Séances Acad. Sci. 107, 303 (1888) (ohne Titel).

Vorgetragen auf dem Kolloquium „Fragen der Physik und Chemie der Ferrite" am 1. und 2. März 1960, Berlin.

*Aus dem Institut für Magnetische Werkstoffe*
*der Deutschen Akademie der Wissenschaften zu Berlin, Jena*

# Elektrische Leitungsvorgänge in Ferriten

Von H. SCHRÖDER

*Zusammenfassung.* Mitteilung einiger Ergebnisse über Leitungserscheinungen an polykristallinen, stöchiometrischen Magnesiumferriten:

1. Durch Messung des Oberflächen- und des Durchgangswiderstandes der Proben werden Prüfungen auf Homogenität und Ausscheidungen durchgeführt.
2. Es wird die qualitative Übereinstimmung zwischen den Temperaturkurven des elektrischen Widerstandes und der Sauerstoffdissoziation gezeigt.
3. Aus Messungen der Temperaturabhängigkeit des elektrischen Widerstandes mit und ohne äußeres Magnetfeld wird ein Modell für das Auftreten elektrischer Anomalien am CURIE-Punkt diskutiert.

Obwohl über die elektrischen Leitungsvorgänge der zu den Halbleitern zählenden Ferrite bereits verschiedene Veröffentlichungen vorliegen, die zweifelsohne zu einem qualitativen Verständnis gewisser Eigenschaften geführt haben, so besitzen unsere derzeitigen Kenntnisse auf diesem Gebiet noch recht lückenhaften Charakter. Unvollständige Angaben liegen z. B. über wichtige, einen Halbleiter charakterisierende Größen vor wie Konzentration, effektive Masse und Beweglichkeit der Trägersorten, Diffusionslänge, Thermokraft usw. Zu weiteren, noch zu bearbeitenden Problemen gehören u. a. die Wechselwirkungen zwischen den Wirtsatomen und Beimischungen sowie die Glüh- und Einfrierprozesse. Alle diesbezüglichen Eigenschaften und Beziehungen hängen, ebenso wie die magnetischen Größen, in entscheidendem Maße von der Zusammensetzung und Struktur der Körper ab. Dabei wollen wir in den Begriff Struktur nicht nur den regulären Gitteraufbau und die reguläre kationen- und anionenmäßige Gitterbesetzung einbeziehen, sondern auch die durch Fehlordnungserscheinungen bedingten Abweichungen von der Regularität sowie die Probleme, die mit der Homogenität der Proben und der Bildung von Ausscheidungen zusammenhängen.

Bei den Ferriten als Untersuchungsobjekt komplizieren sich die Verhältnisse dadurch, daß diese Verbindungen – entsprechend dem äußeren Sauerstoffpartialdruck und der Temperatur – den Sauerstoff als variablen Parameter enthalten und demzufolge die Kationen besetzungs- und ladungsmäßig eine beträchtliche Mannigfaltigkeit aufweisen. Da reproduzierbare und auswertbare Messungen der elektrischen Eigenschaften nur bei genügender Berücksichtigung der bereits erwähnten Faktoren zu erhalten sind, bestand die vordringliche Aufgabe zunächst im Studium der Herstellungsbedingungen definierter, homogener und einphasiger Proben.

Wegen der fundamentalen Bedeutung der Kenntnis der Zustandsdiagramme bei der Ferritherstellung wurden, da für das System Magnesium–Eisen–Sauerstoff ein Phasendiagramm von WOODHOUSE und WHITE [1] für 150 mm Sauerstoffpartialdruck vorliegt, alle Untersuchungen an Magnesiumferrit durchgeführt. Für Magnesiumferrit sprach ferner, daß Magnesium (neben Zink) als einziges zweiwertiges Nichteisenkation in Ferriten nur in dieser einen Wertigkeitsstufe vorkommt. Die meisten Untersuchungen wurden an der auf Reinststoffbasis hergestellten stöchiometrischen Zusammensetzung $MgO \cdot Fe_2O_3$ durchgeführt. In den folgenden Mitteilungen soll auf einige in diesem Zusammenhang bearbeitete Probleme eingegangen werden, die sich im wesentlichen auf Leitfähigkeitsänderungen unter der Einwirkung des äußeren Sauerstoffpartialdruckes sowie eines äußeren magnetischen Feldes erstrecken.

## Untersuchungen über Ausscheidungen und Homogenität durch Messung des elektrischen Widerstandes

Problemstellung: Bei der langsamen Ofenabkühlung von der Sintertemperatur an Luft reoxydieren die vorher dissoziierten Proben im allgemeinen inhomogen, d. h. in den Randgebieten stärker als im Inneren. Die Reoxydation erfolgt aber nur so lange ausscheidungs-

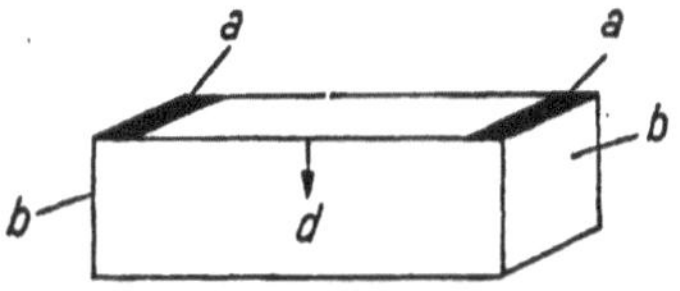


Abb. 1a. Stäbchenförmige Ferritprobe — Messung des Oberflächenwiderstandes $r$ zwischen $aa$, Messung des Durchgangswiderstandes $R$ zwischen $bb$. Kontaktierung mit InHg

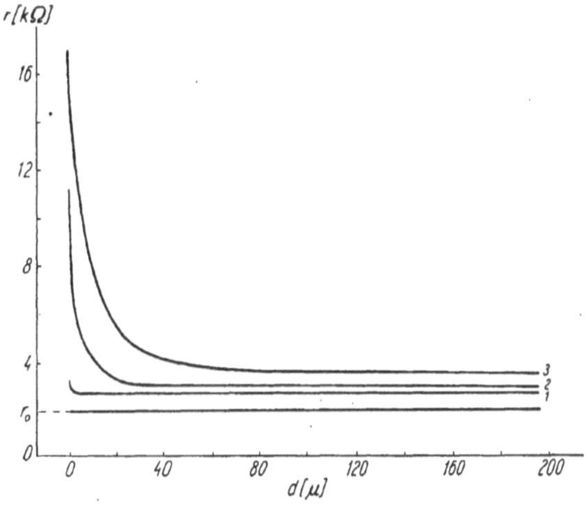


Abb. 1b. (rechts) Oberflächenwiderstand $r$ in Abhängigkeit von der Dicke $d$ der abgetragenen Randschicht. $r_0$ Oberflächenwiderstand vor der reoxydativen Anlaßbehandlung. Anlaßtemperatur für Kurve 1 600 °C, Kurve 2 700 °C und Kurve 3 800 °C. Alle Messungen bei Zimmertemperatur

frei, als die dadurch hervorgerufene atomare Fehlordnung von der Spinellphase aufgenommen wird. Es sollte festgestellt werden, unter welchen Bedingungen eine schädliche Reoxydation einsetzt und wie diese vermieden werden kann.

Da aus Gründen starker innerer Spannungen und demzufolge geringer mechanischer Stabilität der Proben ein plötzliches Abschrecken von der Sintertemperatur auf Raumtemperatur nicht möglich ist, erscheint es sinnvoll, zunächst auf eine höhere Temperatur „partiell" abzuschrecken, unterhalb der dann beim langsamen Abkühlen keine schädliche Reoxydation mehr eintritt. Zur Ermittlung dieser Temperatur wurde nach reoxydativen Anlaßbehandlungen total abgeschreckter, stark reduzierter Proben bei 600°, 700° und 800 °C (jeweils 5 Stunden) der „Oberflächenwiderstand" $r$ durch sukzessives Abtragen der Probenoberfläche in Abhängigkeit der Dicke $d$ der Randschicht gemessen (Abb. 1a und 1b).

Die Messungen zeigen, daß sich die Gebiete mit $\frac{\Delta r}{r} \neq 0$ als qualitatives Maß für inhomogene Randschichten mit Ausscheidungen erweisen (optischer Nachweis von $\alpha$-$Fe_2O_3$ Ausscheidungen, netzstrukturartige Verzweigungen von Rissen in den Inhomogenitätsgebieten). Als quantitatives Maß für eine ausscheidungsfreie Reoxydation kann man das Verhältnis $\frac{\Delta R_0}{R_0}$ heranziehen ($R_0$ = Durchgangswiderstand vor der reoxydativen Anlaßbehandlung), wenn das Phasendiagramm und die im Ferrit sich einstellende Fehlordnung bekannt sind.

Aus den vorliegenden Versuchen wurde die folgende Abkühlvorschrift entnommen und mit Erfolg angewendet: Plötzliches (partielles) Abschrecken von der Sintertemperatur auf ca. 600 °C, dann langsame Abkühlung im Ofen auf Raumtemperatur. An diesen Proben konnten durch optische, elektrische und magnetische Messungen keine Inhomogenitäten und Ausscheidungen nachgewiesen werden (Abb. 2). Sie besaßen eine gute mechanische Stabilität. Die verschiedenen Widerstandswerte für Ober- und Unterseite der Probe deuten auf den Einfluß der Unterlage hin.

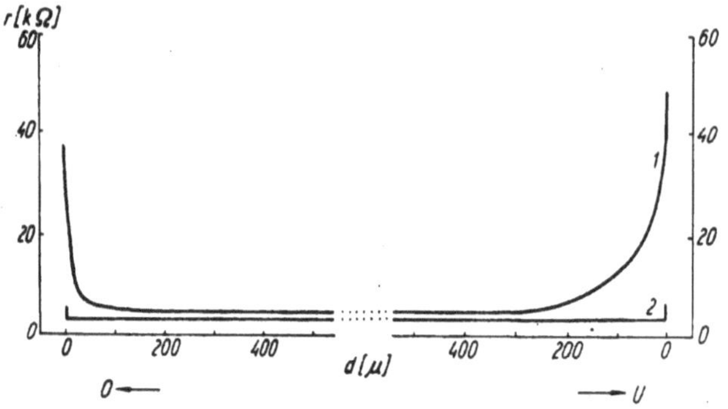


Abb. 2. Oberflächenwiderstand $r$ für langsam abgekühlte Probe (Kurve 1) und für partiell abgeschreckte Probe (Kurve 2). $O$ Oberseite der Probe, $U$ Unterseite. Sintertemperatur 1350 °C.

## Einfluß von Temperatur und Sauerstoffpartialdruck auf den elektrischen Widerstand

Problemstellung: Der Reaktionsablauf der Ferritbildung, die Änderung der chemischen Zusammensetzung als Folge von Redoxprozessen sowie die Einstellzeiten der thermodynamischen Gleichgewichte werden entscheidend von der Temperatur und dem Sauerstoffpartialdruck der umgebenden Atmosphäre beeinflußt. Es sollte untersucht werden, ob zwischen diesen Vorgängen und der elektrischen Leitfähigkeit Zusammenhänge bestehen, die gegebenenfalls weitere Einblicke in das Wesen dieser Erscheinungen gestatten. Bei den Untersuchungen ergeben sich Schwierigkeiten im Bereich mittlerer Temperaturen in Nähe der „Einfriertemperatur", weil hier wegen der beginnenden Wechselwirkung des Ferrits mit der Sauerstoffatmosphäre chemiesorptive und katalytische Effekte sehr stark auf die Oberflächenleitfähigkeit einwirken.

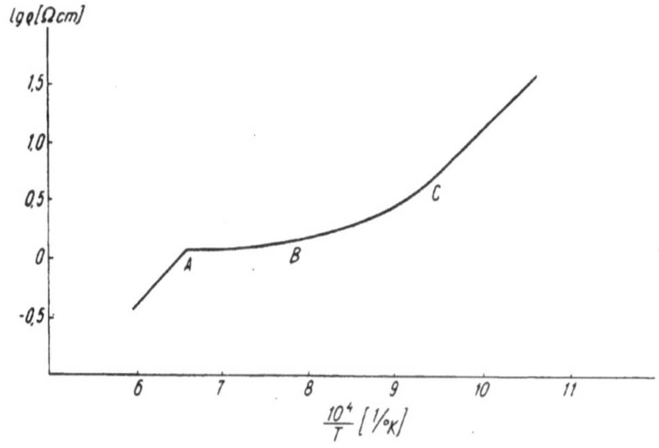


Abb. 3. Spezifischer Widerstand $\varrho$ in logarithmischer Teilung in Abhängigkeit von der reziproken absoluten Temperatur $T$

Als Untersuchungsbeispiel sei die Temperaturabhängigkeit des spezifischen Widerstandes eines Magnesiumferrites stöchiometrischer Ausgangszusammensetzung bei konstantem Sauerstoffpartialdruck (150 mm) angeführt (Abb. 3), an dem gleichzeitig die Dissoziationskurve thermogravimetrisch aufgenommen wurde (Abb. 4)[1]).

Beim Vergleich der „Knicke" A, B, C der $\log \varrho \left(\frac{1}{T}\right)$-Kurve und der bei den gleichen Temperaturen liegenden Knicke der Dissoziationskurve zeigt sich eine qualitative Übereinstimmung der beiden Kurvenverläufe. Dies kann nur so gedeutet werden, daß ent-

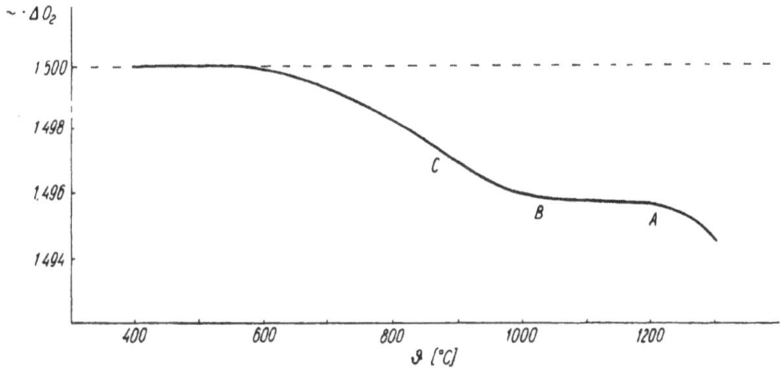


Abb. 4. Sauerstoffabgabe — $\triangle O_2$ in Abhängigkeit von der Temperatur $\vartheta$

sprechend der Sauerstoffdissoziation eine äquivalente Konzentration $Fe^{2+}$-Störstellen gebildet wird, die durch die „leichten" Übergänge $Fe^{2+} \rightleftharpoons Fe^{3+}$ den Widerstand in analoger Weise beeinflußt. Es wird möglich sein, die den Geradenstücken der Abb. 3 zuzuordnenden Aktivierungsenergien einer näheren Analyse zu unterziehen und Aussagen über die Temperaturabhängigkeit der Trägerbeweglichkeit zu machen.

Über diese Untersuchungen sowie über die Abhängigkeiten des spezifischen Widerstandes vom Sauerstoffpartialdruck bei konstanter Temperatur soll demnächst an anderer Stelle ausführlich berichtet werden.

## Untersuchungen des elektrischen Widerstandes in Nähe der Curietemperatur

Problemstellung: Die meisten Ferrite zeigen in Nähe des Curiepunktes mit oder ohne äußeres Feld ein anomales Verhalten. Mit Sicherheit wurden Anomalien an stöchiometrischem Manganferrit von Bjelow und Mitarbeitern [2] beobachtet. Die Annahme nach Parker [3], wonach das Auftreten solcher Anomalien an die Größe des spezifischen Widerstandes gebunden sei, ist offenbar nicht zutreffend.

Nach eigenen Messungen [4] der Temperaturabhängigkeit des elektrischen Widerstandes mit und ohne äußeres Feld an Magnesiumferrit und Nickelferrit ist die Annahme naheliegend, daß der Betrag der oktaedrischen „Momentensumme" als entscheidendes Kriterium für elektrische Anomalien am Curie-Punkt eingeht. Diese Momentensumme kann als Maß für die Stärke der Wechselwirkung zwischen $3d$ und $4s$ Elektronen aufgefaßt werden. Für stöchiometrischen Manganferrit beträgt die Momentensumme pro $^1/_8$ Ele-

[1]) Näheres s. Diplomarbeit H. Mothes, Jena, 1960.

mentarzelle 10 $\mu_B$, für Magnetit 9 $\mu_B$. Bei Auftreten höherer Wertigkeitsstufen des Mangans, d. h. bei kleinerer Momentensumme, verschwinden die Anomalien. Es wäre zu prüfen, inwieweit diese Effekte zur Ermittlung der verschiedenen Wertigkeitsstufen des Mangans heranzuziehen sind.

## LITERATUR

[1] WOODHOUSE, D., J. WHITE, Phase relationships of iron-oxide containing spinels. Part III, Trans. Brit. ceram. Soc. 54, 333 (1955).

[2] BJELOW, K., A. POPOWA, J. TALAJAJEWA, Elektrische und galvanomagnetische Eigenschaften von Manganferrit-Einkristallen, Kristallografija 6, 733 (1958).

[3] PARKER, P., Electrical resistivity of compounds with ordered spin arrangements, Philos. Mag. 8, 853 (1958).

[4] SCHRÖDER, H., Widerstandsänderungen von Ferriten im Magnetfeld, Naturwissenschaften 8, 175/176 (1960).

Vorgetragen auf dem Kolloquium „Fragen der Physik und Chemie der Ferrite" am 1. und 2. März 1960, Berlin

*Aus dem Institut für Magnetische Werkstoffe*
*der Deutschen Akademie der Wissenschaften zu Berlin, Jena*

# Magnetfeldinduzierte Anisotropie in Ni-Fe-Ferriten

Von K. MOTZKE

*Zusammenfassung.* Ausscheidungsfreie Ni–Fe-Ferrite, die bei Temperaturen von 300 bis 600 °C an Luft leicht aufoxydiert werden, zeigen bereits bei Zimmertemperatur einen Magnetfeldtemperungseffekt. Die bei Zimmertemperatur erzeugbaren Anisotropien nehmen mit steigendem Oxydationsgrad zu, und die maximalen Effekte werden bei der Zusammensetzung $Ni_{0,5}Fe_{2,5}O_4$ erhalten. Es ist etwa das gleiche Verhalten, das AIYAMA, SEKIZAWA und IIDA [2] bei den gleichen Ferriten für die Magnetfeldabkühlung von 400 °C fanden. Die zeitliche Änderung der Anisotropie bei Zimmertemperatur wurde untersucht. Zwei Deutungsmöglichkeiten für den Verlauf dieser Kurven werden kurz diskutiert.

Magnetfeldglühungen werden angewendet, um in polykristallinem Material starke einachsige Anisotropien zu erzeugen. Unter Magnetfeldglühung versteht man dabei das Tempern der Proben in einem Magnetfeld bei entsprechender Temperatur und anschließendem Abschrecken oder langsamem Abkühlen im Feld. Auf Grund ihrer Untersuchungen an Fe–Ni- und Fe–Co-Ferriten, also Stoffen der Zusammensetzung

$$Me_xFe_{3-x}O_4 \qquad 0 \leq x \leq 1$$
$$Me = Ni, Co$$

kamen IIDA, SEKIZAWA und AIYAMA [1, 2] zu dem Schluß, daß bei diesen Ferriten bei Magnetfeldtemperung Kationen und Kationenleerstellen eine Orientierungsüberstruktur bilden, die eine einachsige magnetische Anisotropie bewirkt. Nach dem Garbrand bei 1400 °C kühlten sie ihre Proben unter definiertem Sauerstoffpartialdruck so ab, daß sie sicher waren, einen ausscheidungsfreien Spinell zu erhalten. Danach wurden die Proben unter verschiedenem Sauerstoffpartialdruck eine bestimmte Zeit bei 400 °C im Magnetfeld getempert und langsam abgekühlt. Die bei Zimmertemperatur gemessenen Anisotropien ergaben folgendes Bild für Ni-Fe-Ferrite (Abb. 1).

Die erzeugte einachsige Anisotropie nimmt mit steigendem Oxydationsgrad der Proben zu und erreicht die höchsten Werte jeweils bei etwa $x = 0,5$.

Diese Ni–Fe-Ferrite müßten bei 400 °C und den vorliegenden Sauerstoffpartialdrucken im Gleichgewicht aus einem Gemisch von Hämatit und nickelreichem Ferrit (wahrscheinlich stöchiometrischem Ni-Ferrit) bestehen. Jedoch ist bei der verhältnismäßig niedrigen Temperatur anzunehmen, daß bei Oxydation zunächst Kationenleerstellen enstehen und die Ausscheidungen merklich erst bei höheren Temperaturen oder längerer Glühdauer gebildet werden. Es wird nun angenommen, daß diese Leerstellen den Effekt der Magnetfeldtemperung bewirken.

Im Institut für Magnetische Werkstoffe wurden ebenfalls Ni–Fe-Ferrite untersucht. Nach dem Garbrand mit anschließender Vakuumabkühlung wurden polykristalline Scheibchen von 12 mm Durchmesser und 2 mm Dicke an Luft eine halbe Stunde bei 400 °C im Magnetfeld getempert und anschließend langsam im Feld abgekühlt. Unter Vakuumabkühlung sei im folgenden stets die Abkühlung unter definiertem Druck nach einem bestimmten Schema verstanden, die zu ausscheidungsfreien Ferriten führt. Die Messung der Anisotropien nach dieser Magnetfeldtemperung ergab im wesentlichen eine Bestätigung der Kurve (4) aus Abb. 1. Bei genaueren Untersuchungen konnte jedoch darüber hinaus festgestellt werden, daß nach dieser Glühbehandlung die Proben bereits bei Zimmertemperatur einen Magnetfeldtemperungseffekt zeigen. Das heißt, legt man bei Zimmertemperatur ein Magnetfeld an, so bildet sich mit der Zeit eine einachsige Anisotropie aus, die nach Abschalten des Feldes langsam wieder verschwindet.

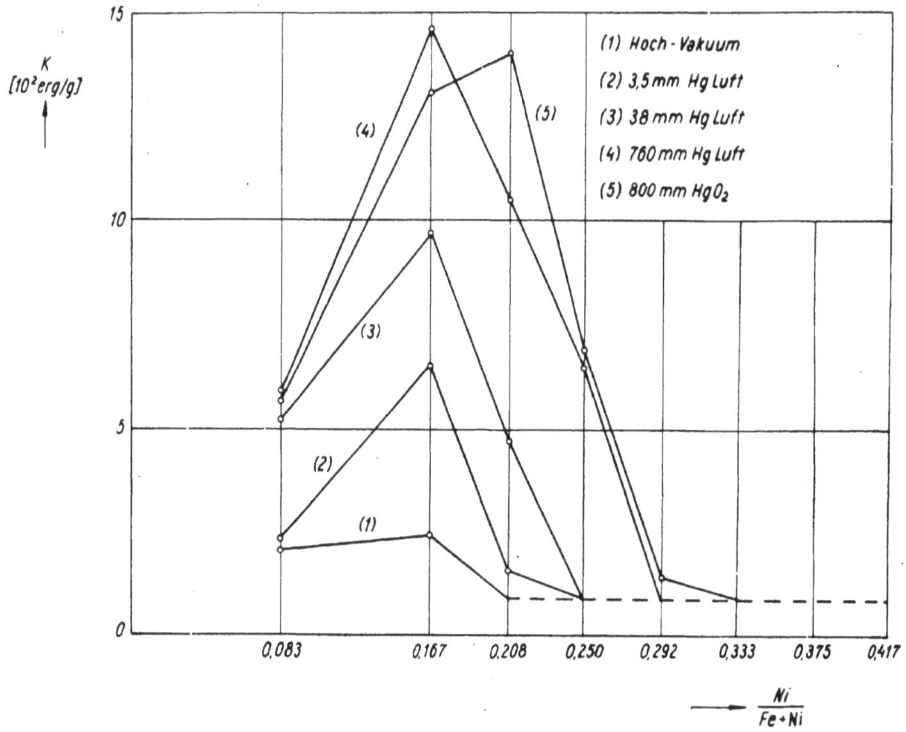


Abb. 1. Durch Magnetfeldglühung bei verschiedenen Sauerstoffpartialdrucken in Ni–Fe-Ferriten erzeugte einachsige Anisotropien (nach Aiyama, Sekizawa und Iida [2]). Die Proben wurden jeweils 10 Minuten bei 400 °C im Magnetfeld getempert und langsam abgekühlt.

Dieser Effekt ist auch vorhanden, wenn die Proben nach dem Garbrand und der Vakuumabkühlung ohne Magnetfeld bei 400 bis 500 °C an Luft geglüht werden. Direkt nach dem Garbrand mit Vakuumabkühlung ist er dagegen nicht zu beobachten oder aber nur sehr gering. Es ist auch in diesem Falle anzunehmen, daß bei der Ausbildung der einachsigen Anisotropie die Kationenleerstellen eine entscheidende Rolle spielen, da sie erst nach Oxydation der Ferrite erfolgt und auch bei Temperaturen abläuft, bei denen Platzwechsel ohne Leerstellen nicht denkbar sind. Im Gegensatz zu den Versuchen von Iida und seinen Mitarbeitern, bei denen die Erzeugung der Leerstellen und deren Ausrichtung im Magnetfeld bei ein- und derselben Glühung stattfand, konnten hier diese beiden Vorgänge voneinander getrennt werden.

Die Anisotropien, die so bei Zimmertemperatur erhalten werden, sind von der Größenordnung $2 \cdot 10^2$ erg/g im Vergleich zu $15 \cdot 10^2$ erg/g im maximalen Falle bei der Magnetfeldabkühlung von 400 °C. Die Effekte liegen also unterhalb der Kurve (1) aus Abb. 1 und wurden deshalb wohl von diesen Autoren nicht gefunden.

Weitere Untersuchungen zeigten, daß die bei Zimmertemperatur erzeugte Anisotropie mit steigender Oxydation bei niedrigeren Temperaturen zunächst anwächst und daß die

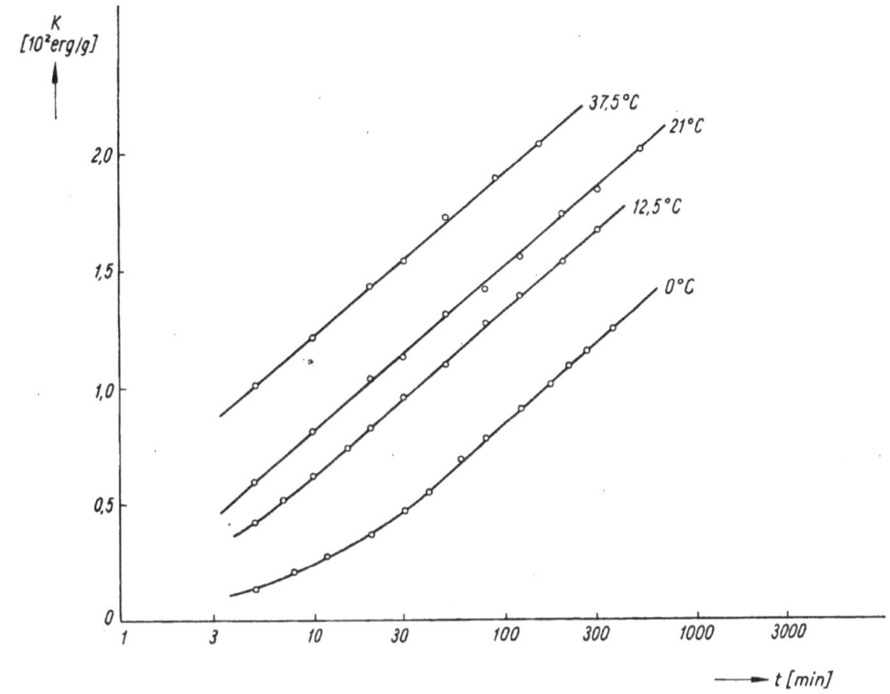


Abb. 2. Zeitliche Änderung der einachsigen Anisotropie nach Anlegen des Magnetfeldes bei verschiedenen Temperaturen. Die Probe ($x = 0{,}425$) wurde nach der Vakuumabkühlung 1 Stunde bei 450 °C an Luft geglüht.

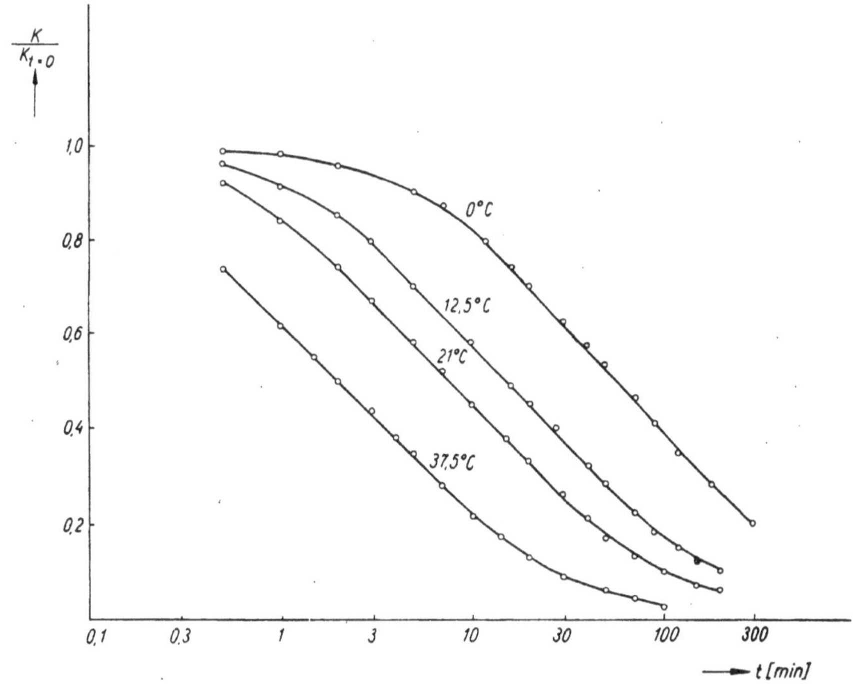


Abb. 3. Abfall der Anisotropie bei verschiedenen Temperaturen. Durch Anlegen eines Magnetfeldes wurde eine einachsige Anisotropie erzeugt, die Probe rasch um 45° gedreht und der Abfall des Drehmomentes bei dieser Stellung im Feld gemessen. Gleiche Probe wie bei Abb. 2.

maximalen Werte ungefähr bei $x \leq 0{,}5$ erhalten werden. Die Abhängigkeit vom Oxydationsgrad ergibt also dabei etwa das gleiche Verhalten wie es Abb. 1 zeigt. Bei stärkerer Oxydation nimmt die Anisotropie dann wieder ab, was auf die sich bildenden Ausscheidungen von Hämatit zurückzuführen ist. Weitere Untersuchungen dazu sind noch im Gange.

Die zeitliche Änderung der Anisotropie wurde näher untersucht. Für den Anstieg nach Anlegen eines Magnetfeldes erhält man Geraden, wenn die Meßwerte über dem Logarithmus der Zeit aufgetragen werden (s. Abb. 2) und wenn man von Abweichungen bei kleineren Zeiten absieht. Abb. 3 zeigt im Vergleich dazu die Abnahme der Anisotropie. In diesem Falle ist nur der mittlere Teil der Kurven annähernd linear. Für verschiedene Temperaturen sind die Geraden etwa parallel verschoben. Die Abnahme der Anisotropie erfolgt bei Zimmertemperatur derart, daß sie nach ungefähr 7 Minuten auf die Hälfte der ursprünglichen Wertes abgefallen ist.

Die zeitliche Änderung der Anisotropie, wie sie Abb. 2 zeigt, kann gut durch ein Gesetz der Form

$$K(t) = A + B \cdot \ln (t + t_0)$$

beschrieben werden, das z. B. auch bei Erholungsvorgängen auftritt [3]. Dieses Gesetz resultiert immer dann, wenn die Aktivierungsenergie eines Vorganges linear von der sich ändernden Größe abhängt, wenn also hier gilt:

$$U = U_0 + C \cdot K .$$

Aus den Messungen bei verschiedenen Temperaturen (Abb. 2) wurde unter dieser Voraussetzung $U_0$ bestimmt. Es wurde gefunden:

$$U_0 = 1{,}6 \cdot 10^4 \text{ cal/Mol} = 0{,}70 \text{ eV} .$$

Solche Kurven, wie sie Abb. 2 und 3 zeigen, können jedoch auch auftreten, wenn mehrere Vorgänge mit verschiedenen Relaxationszeiten bzw. Aktivierungsenergien sich überlagern. Dieser Fall, daß man es sozusagen mit einem ganzen Spektrum von Relaxationszeiten zu tun hat, ist auf Grund des komplizierten Gitteraufbaues der Ferrite hier sogar sehr wahrscheinlich. Die Tatsache, daß man Magnetfeldtemperungseffekte in verschiedenen Temperaturbereichen feststellen kann, deutet ebenfalls darauf hin. Eingehendere Untersuchungen zu diesen Fragen werden z. Z. noch durchgeführt.

Zur weiteren Klärung der hier erwähnten Erscheinungen wäre es natürlich auch wünschenswert, einiges über die Anzahl der durch die Oxydation der Ferrite erzeugten Leerstellen zu wissen. Dazu gehört u. a. eine genaue Kenntnis des Phasendiagramms[1]). Darüber ist uns für Ni–Fe-Ferrite allerdings erst eine einzige Arbeit bekannt [4], die für solche Aussagen aber noch nicht ausreicht. Zur Klärung der Frage, welche Kationen an der Bildung der Orientierungsüberstruktur beteiligt sind, könnten Untersuchungen an Einkristallen beitragen, die ebenfalls im Institut für Magnetische Werkstoffe in Jena angelaufen sind.

## LITERATUR


[1] Iida, S., H. Sekizawa, Y. Aiyama, J. physic. Soc. Japan. 13, 58 (1958).
[2] Aiyama, Y., H. Sekizawa, S. Iida, J. physic. Soc. Japan 12, 742 (1957).
[3] Kuhlmann, D., G. Masing, J. Raffelsieper, Z. Metallkde. 40, 241 (1949).
[4] Paladino, A. E., J. Amer. ceram. Soc. 42, 168 (1959).


Vorgetragen auf dem Kolloquium „Fragen der Physik und Chemie der Ferrite" am 1. und 2. März 1960, Berlin.

1) Vgl. R. Perthel, dieses Heft, S. 7ff.

*Aus dem Heinrich Hertz-Institut*
*der Deutschen Akademie der Wissenschaften zu Berlin, Berlin*

# Über den Aufbau eines Spektrometers zur Messung der ferromagnetischen Resonanzabsorption bei 3 cm Wellenlänge

Von K. H. GOTHE

*Zusammenfassung.* Es wird eine Versuchsanordnung zur Registrierung der ferromagnetischen Resonanzabsorption bei 3 cm Wellenlänge beschrieben. Das Klystron ist auf einen angepaßten Hohlraumresonator, in dem die Meßprobe eingebracht ist, stabilisiert. Die Reflexionsänderung wird nach einer niederfrequenten Amplitudenmodulation über einen Loch-in-Verstärker einem mA-Schreiber zugeführt. Zur Bestimmung der Halbwertsbreite und Resonanzfeldstärke werden zwei Eichmarken eingetastet. Diese Eichmarken werden von einem Protonenresonanzmagnetometer abgeleitet.

Bei Untersuchungen der Linienstruktur der ferromagnetischen Resonanzabsorption ist es schwierig, die bekannten Methoden der punktweisen Ausmessung der Resonanzkurven anzuwenden. Man ist daher bestrebt in entsprechender Weise, wie das bei den paramagnetischen Resonanzuntersuchungen erfolgt, mittels Schreibgerät den Aufbau des gesamten Spektrums festzulegen. Im Gegensatz zu diesen Experimenten ist im Falle der ferromagnetischen Resonanz die Linienbreite erheblich größer. Für polykristallines Ferritmaterial muß man mit Linienbreiten von 100—400 Oersted rechnen. WHITE und SOLT [1] veröffentlichten 1956 eine Apparatur, bei der sie den Einfluß der Ferritprobe auf die Güte eines Hohlraums dadurch bestimmten, daß sie die eingekoppelte Mikrowellenleistung mit der über eine zweite Kopplungsöffnung ausgekoppelten verglichen. Beide Wellenzüge wurden getrennt über Modulatoren mit einer Frequenz von 1 KHz amplitudenmoduliert. Zur Kompensation der Dispersion des Hohlraumresonators wurde das Klystron mittels einer POUNDschen Methode auf den Testresonator stabilisiert.

Im folgenden wird nun eine Anlage beschrieben, die aus der Reflexion der Mikrowelle die Absorption bestimmt. Das Magnetfeld wird über Kerninduktionsmagnetometer mit hoher Genauigkeit ermittelt.

## Beschreibung der Versuchsanordnung

An Hand des Blockschaltbildes Abb. 1 läßt sich das Wesentliche des Aufbaus erkennen. Die vom Klystron ausgehende Mikrowelle wird durch einen magnetisierten Ferritstreifen vom übrigen Teil der Anlage isoliert, so daß Reflexionen das Klystron nicht störend beeinflussen können. Zur Frequenzmessung und zur Kontrolle der Stabilisation wird über einen Richtkoppler eine resonanzscharfe Echobox eingeführt. Durch einen nachfolgenden Zirkulator gelangt die Mikrowelle auf den H.R.-Resonator, in den die Ferritprobe eingebracht ist. Der vom H.R.-Resonator reflektierte Wellenanteil gelangt über den Zirkulator auf ein magisches $T$, wodurch er in zwei Züge aufgeteilt wird. Der eine dieser beiden Wellenzüge dient zur Stabilisation, während der andere niederfrequenzmäßig amplitudenmoduliert wird und dann zur Anzeige der Absorption verwendet wird.

Das Stabilisationsprinzip und der Aufbau des Ferrit-Modulators sind in [2] und [3] beschrieben, und es soll deshalb nicht weiter hierauf eingegangen werden. Zur Erzeugung des Magnetfeldes steht ein Elektromagnet von 20 cm Poldurchmesser zur Verfügung,

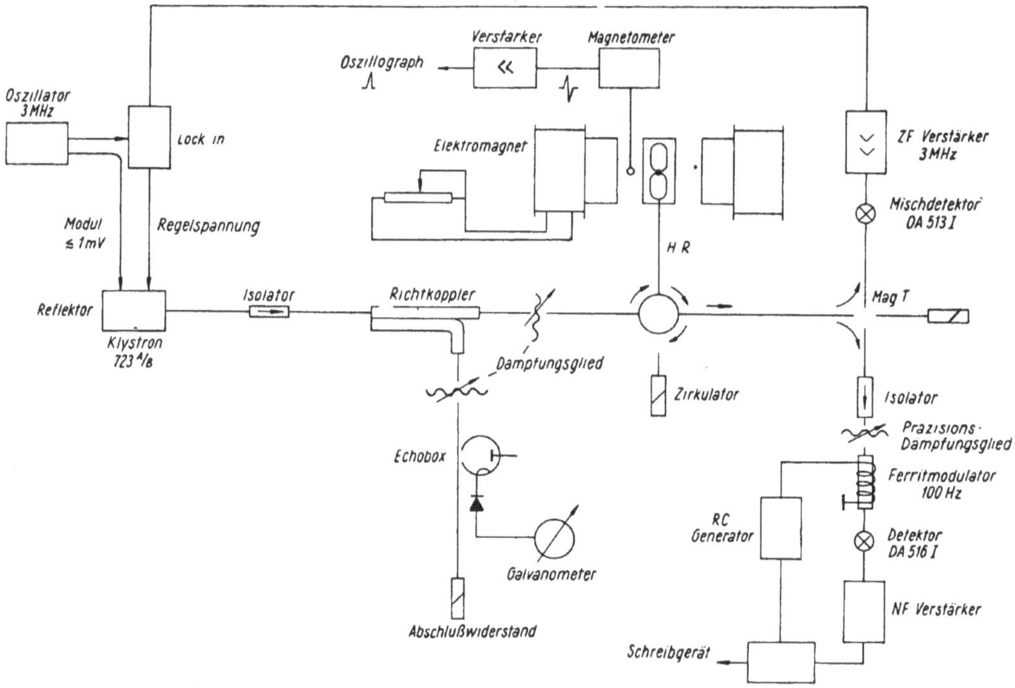


Abb. 1

dessen Spulenstrom durch einen Regelwiderstand geändert wird. Der Regelwiderstand besteht aus vier Drahtspulen und hat einen Widerstand von insgesamt 98 $\Omega$. Durch einen Motor und ein entsprechendes Getriebe werden die Schleifkontakte über den Widerstand gezogen, so daß der Spulenstrom kontinuierlich geregelt wird.

Die Magnetfeldmessung erfolgt mit Hilfe eines Kerninduktionsmagnetometers. Es wurde eine Transitronschallung nach Knoebel und Hahn zur Erzeugung des Kerninduktionssignals verwendet. Mit Hilfe einer Morsetaste lassen sich beim Erscheinen des Kerninduktionssignel auf einem Oszillographenschirm Eichmarken zur Magnetfeldmessung auf der geschriebenen Meßkurve festlegen.

Als Schreibgerät dient ein handelsüblicher 1 mA-Schreiber, dessen Getriebe durch einen Synchronmotor ersetzt wurde. Die Schreibgeschwindigkeit beträgt 140 mm/min.

## Meßmethode

Nach den bekannten Gleichungen von SLATER [4] ergibt sich der Reflexionsfaktor eines H.R.-Resonators zu:

$$\mathfrak{r}\,\mathfrak{r}^* = 1 - \frac{4 \cdot Q_{ex}/Q_u}{(1 + Q_{ex}/Q_u)^2} \tag{1}$$

$Q_{ex}$ ist hierbei der Gütefaktor, der die Kopplung der ankommenden Welle zur H.R.-Schwingung kennzeichnet, während $Q_u$ das unbelastete $Q$ des Hohlraumresonators darstellt. Der Gütefaktor des unbelasteten H.R. setzt sich zusammen aus:

$$\frac{1}{Q_u} = \frac{1}{Q_{Wand}} + \frac{1}{Q_{diel}}, \tag{2}$$

d. h. er errechnet sich aus den Verlusten in dem Wandmaterial und im Dielektrikum, das den H.R. teilweise oder ganz ausfüllt. Für einen evakuierten H.R. oder mit Luft als Dielektrikum kann man $1/Q_{diel}$ vernachlässigen.

Bringt man in einen H.R.-Resonator eine kleine Probe des zu untersuchenden Materials ein, so wird seine Eigenfrequenz und seine Güte geändert. Nach den Methoden der Störungsrechnung [5] erhält man aus der Änderung des Gütefaktors $Q_L$ den Imaginärteil der komplexen Permeabilität $\mu = \mu' - j\,\mu''$ nach folgender Beziehung:

$$\delta\left(\frac{1}{Q_L}\right) = S \cdot \mu'' . \tag{3}$$

$S$ ist eine Konstante, die sich aus dem Wellentyp und der Geometrie des H.R. errechnet.

$Q_L$ bedeutet den Gütefaktor des belasteten H.R., d. h. einschließlich der Kopplung der ankommenden Welle zur Schwingung im H.R.:

$$\frac{1}{Q_L} = \frac{1}{Q_u} + \frac{1}{Q_{ex}} \tag{4}$$

Gegenüber dem leeren Hohlraum können die Verluste in der Meßprobe entsprechend Gl. 2 berücksichtigt werden d. h.

$$\delta\left(\frac{1}{Q_L}\right) = \frac{1}{Q_{diel}} = S \cdot \mu'' . \tag{5}$$

Geht man davon aus, daß der leere Hohlraum gut angepaßt ist, so kann man nach Gl. 1 $\mathfrak{r} \cdot \mathfrak{r}^* = 0$ setzen. Wird durch das Einbringen der Ferritprobe die Güte nur sehr gering geändert, so läßt sich Gl. 1 durch eine Reihenentwicklung nach $\frac{1}{2}\left(\frac{Q_{ex}}{Q_u} - 1\right)$ vereinfachen zu:

$$\mathfrak{r}\,\mathfrak{r}^* = \left\{1 - \frac{Q_{ex}}{Q_u}\right\}^2 + \cdots \tag{6}$$

Mit Gl. 2 und unter der Annahme $Q_{diel} \gg Q_{ex}$ ergibt sich die reflektierte Energie zu:

$$\mathfrak{r} \cdot \mathfrak{r}^* \approx \frac{Q_{ex}^2}{Q_{diel}^2} = \text{konst.}\ \mu''^2 = \frac{E_r^2}{E_0^2} . \tag{7}$$

$E_0$ Amplitude der auf den Resonator treffenden Welle.

Der reflektierte Wellenanteil gelangt nach dem angegebenen Blockschaltbild über einen Modulator zum Detektor, so daß dem Verstärker ein Signal angeboten wird:

$$U = K\,\mu''^2 \sin \omega_m t \tag{8}$$

Hierbei ist quadratische Gleichrichtung und kleiner Modulationsgrad vorausgesetzt.

Damit die vom Schreibgerät wiedergegebene Meßkurve proportional $\mu''$ ist, muß der Verstärker eine entsprechende nichtlineare Kennlinie besitzen. Zur genauen Festlegung der Halbwertspunkte auf der Resonanzkurve wird ein Präzisionsdämpfungsglied verwendet.

Dimensionierung des Hohlraumresonators und Abschätzung des Probendurchmessers: Nach unseren Messungen der Komponenten des Permeabilitätstensors, haben Mg–Mn-Ferrite ein $(\mu'' + \alpha'')_{max}$ von ungefähr 10—11. Da $(\mu'' - \alpha'') \ll 1$ ist, kann $\mu''_{max} \approx 5$ angenommen werden.

Die Konstante $S$ errechnet sich für $T\,E_{10\,n}$: Resonatoren zu:

$$S = \frac{3\,n^2}{\frac{c}{A} + n^2 \frac{A}{c}} \cdot \frac{A}{C} \cdot \frac{\Delta V}{V_0} . \tag{10}$$

$A$ und $C$ sind hierbei aus dem skizzierten Resonatoraufbau, Abb. 2, zu entnehmen.

$$V_0 = A \cdot B \cdot C$$

$$\Delta V = 4/3\,\pi\, r^3, \quad r\text{: Radius der Meßprobe}$$

Für $n = 2$ ist $S = 0{,}15\,\Delta V$, d. h. für $r \leq 0{,}3$ wird $S \leq 1{,}7 \cdot 10^{-5}$. Mithin erhält man für

$$Q_{diel} \geq 0{,}3 \cdot 10^{+5} .$$

Experimentell kann man für einen $TE_{102}$-Resonator ein $Q_L \approx 2000$ feststellen, d. h. $Q_u \approx 4000$. Die Bedingung $Q_{diel} \gg Q_u$ kann als erfüllt betrachtet werden. Verbessert werden kann das Verhältnis von $Q_{diel}/Q_u$ durch Vergrößerung des Hohlraumresonators bzw. Verringerung des Probendurchmessers.

Zu bemerken ist, daß im Gegensatz zu Spektrometern zur Messung der paramagnetischen Resonanz der H. R.-Resonator angepaßt ist. Die Nachweisempfindlichkeit wird dadurch zwar herabgesetzt (Lit. 6), jedoch ist das Signal-zu-Rausch: Verhältnis bei den ferromagnetischen Resonanzabsorptionsmessungen viel größer als beim paramagnetischen Analogon. Es besteht vielmehr bei der Messung von ferromagnetischen Stoffen das Problem darin, trotz großer Resonanzverluste eine lineare Anzeige zu garantieren.

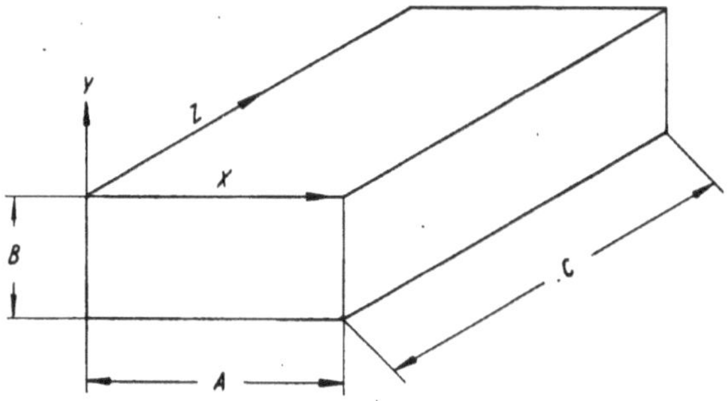


Abb. 2. Dimensionen des Hohlraumresonators.

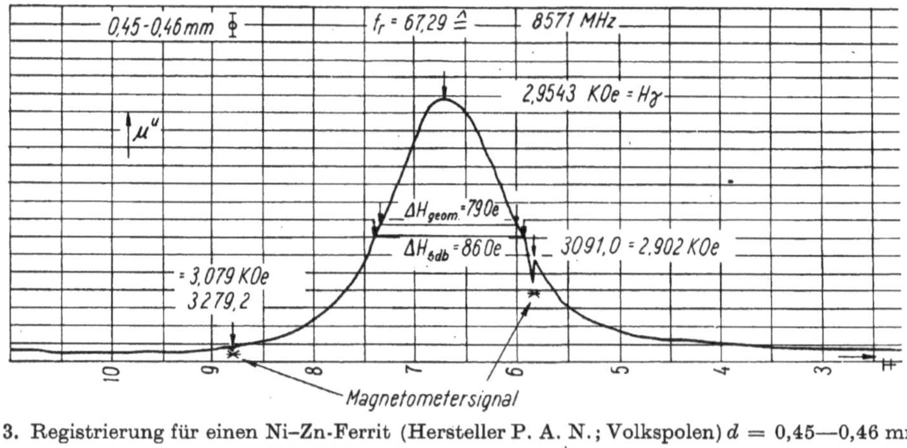


Abb. 3. Registrierung für einen Ni–Zn-Ferrit (Hersteller P. A. N.; Volkspolen) $d = 0{,}45$—$0{,}46$ mm ⌀; $g = 2{,}07$. Die Eichmarken sind durch ⭣ gekennzeichnet.

## Genauigkeit der Messung

Bei Messungen der ferromagnetischen Resonanzabsorption interessierten $g$-Faktor und Halbwertsbreite der Resonanzkurve.

Die Vernachlässigung der Glieder in Gl. 6 beeinflussen die Messung des $g$-Faktors nicht. Der Fehler, der hierbei eingeht, ist bedingt durch die Genauigkeit der Festlegung des Absorptionsmaximums und durch die Genauigkeit, mit der das Magnetfeld bestimmt werden kann. Für polykristallines Ferritmaterial mit einer Halbwertsbreite von 100 bis 400 Oe beträgt diese Ungenauigkeit 10—30 Oe, d. h. bei einer Resonanzfeldstärke von $\approx$3000 Oe $< 1\%$. Bei Einkristallen treten Halbwertsbreiten von einigen Oersted auf, so daß dieser Fehler entsprechend kleiner ist. Die Genauigkeit der Magnetfeldmessung liegt in der Größenordnung von $\leq 1^0/_{00}$.

Der Meßfehler bei der Bestimmung der Halbwertsbreite hat in der Hauptsache seine Ursachen in der Genauigkeit der Frequenzmessung und des Präzisionsdämpfungsgliedes. Mit dem uns zur Verfügung stehenden Präzisionswellenmesser (RFT VEB Funkwerk Erfurt) kann man Oszillatorfrequenzänderungen von ≈5 kHz im Frequenzbereich von 13 MHz nachweisen, während die Einstellung des Dämpfungsgliedes auf 0,1 db möglich ist. Damit wäre eine Halbwertsbreite von 100—400 Oe bis auf einige Prozente genau fetlegbar.

In Abb. 2 sind Meßkurven für einen Ni–Zn-Ferrit zusammengestellt. Die Halbwertsbreite beträgt ≈80 Oe.

Dankend erwähnen möchte ich die freundschaftliche Hilfe von Herrn L. Martini beim Aufbau der Apperatur und die klärenden Diskussionen mit Mitarbeitern des Institutes für magnetische Werkstoffe der Deutschen Akademie der Wissenschaften.

## LITERATUR

[1] White, R. L., I. H. Solt, Physic. Rev. 104, 56 (1956).
[2] Gothe, K. H., Ann. Phys. 7. Folge Bd. 6 H. 5—6, 1960 S. 298.
[3] Gothe, K. H., Institutsbericht F 6—23.
[4] Casimir, M., Philips Res. Rep. 6, 734 (1951.)
[5] Slater, J. C., D. van Mostrand Comp., Inc. New York, 1951.
[6] Stieler, W., Zeitschr. angnw. Phys. 10, 89 (1958).

Vorgetragen auf dem Kolloquium „Fragen der Physik und Chemie der Ferrite" am 1. und 2. März 1960, Berlin.

*Aus dem Heinrich Hertz-Institut*
*der Deutschen Akademie der Wissenschaften zu Berlin, Berlin*

# D.K.-Messung an polykristallinem Ferritmaterial bei 3,2 cm Wellenlänge

Von K. H. GOTHE, L. MARTINI und M. KÖHN

(vorgetragen von L. MARTINI)

*Zusammenfassung.* Der Aufbau und die Wirkungsweise einer Versuchsanordnung zur Bestimmung der Dielektrizitätskonstante bei 3,2 cm Wellenlänge wird beschrieben und deren Meßgenauigkeit diskutiert. Das Reflex-Klystron wird auf eine resonanzscharfe Echobox stabilisiert, wodurch eine punktweise Aufnahme der Resonanzkurve des Testresonators möglich ist.

Für die Anwendung der Ferrite als Bauelemente ist es wichtig, neben den Komponenten des Permeabilitätstensors die Dielektrizitätskonstante zu kennen. Die bekannten Methoden, unter Verwendung der Meßleitung die D.K. zu bestimmen, eignen sich nicht. Es verbleiben daher die Resonanzmethoden, bei denen z. B. eine kleine Kugel in einen Hohlraumresonator eingebracht wird und man die Änderung seiner Eigenschaften beobachtet. Der Vorteil einer solchen Methode liegt u. a. darin, daß man eine Kontrolle über die Homogenität eines vorliegenden größeren Ferritstabes hat, wenn man an einer Reihe von Kugeln aus diesem Materialstück die D.K. mißt.

Im folgenden wird nun der Aufbau einer Apparatur beschrieben und einige Meßergebnisse diskutiert.

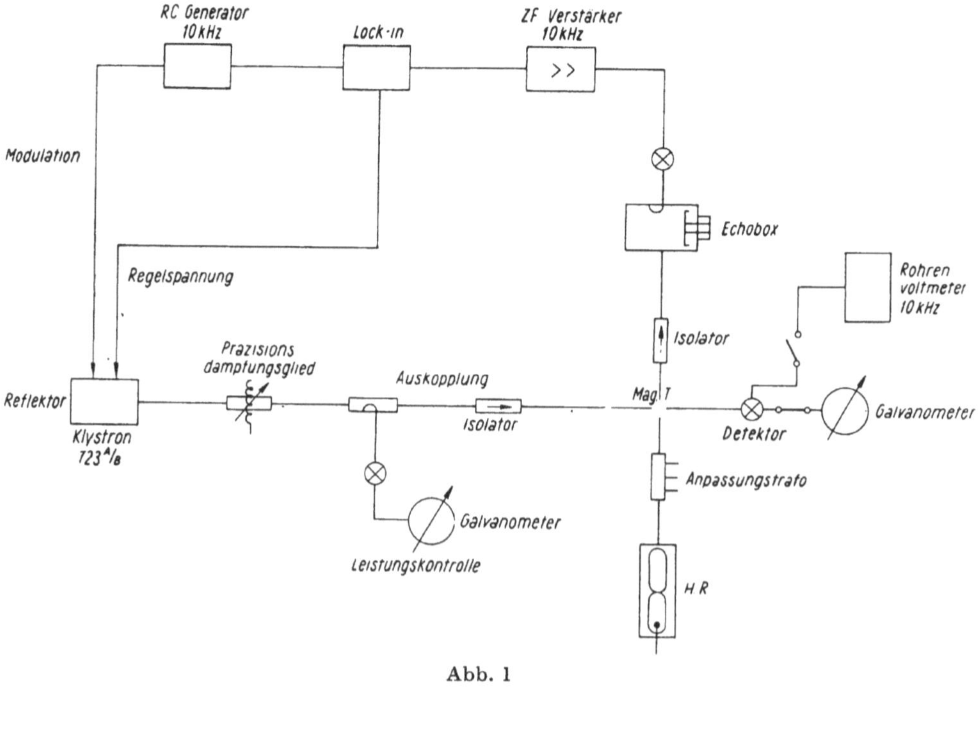


Abb. 1

### Meßmethode

Das Klystron wird durch eine Regelschaltung auf eine resonanzscharfe Echobox stabilisiert. Relativ zur Resonanzfrequenz der Echobox werden hierdurch die Frequenzabweichungen kleiner als 1 kHz gehalten. Die Wirkungsweise der Regelschaltung findet man u. a. in [1] beschrieben. Der Aufbau der Anlage ist im Blockschaltbild Abb. 1 wiedergegeben. Über ein Magisches $T$ gelangt die Hälfte der vom Klystron abgegebenen Mikrowellenleistung auf den Testresonator. Ändert man die Einstellung der Echobox, so ändert sich automatisch die Frequenz des Klystrons. Damit kann man die Resonanzkurve des Testresonators punktweise abtasten. Über eine Auskopplung wird die auf das Magische $T$ und damit ebenfalls die auf den Testresonator fallende Mikrowellenleistung überwacht. Durch ein Präzisionsdämpfungsglied können Amplitudenänderungen kompensiert werden, so daß hierdurch bedingte Fehler eliminiert sind. Der Gütefaktor $Q_L$ des Resonators wird aus der Lage der Umkehrpunkte bestimmt. In den Umkehrpunkten setzt sich die Frequenzmodulation maximal in eine Amplitudenmodulation um. Die zur Stabilisation notwendige Frequenzmodulation reicht aus, um mit einem empfindlichen Röhrenvoltmeter die Umkehrpunkte zu messen.

### Berechnung der D.K. und des tg $\delta$

Es soll der störungstheoretischen Rechnung von Casimir [2] gefolgt werden. Nach Casimir erhält man für die komplexe Änderung der Resonanzfrequenz eines Hohlraumresonators:

$$\frac{\delta\omega}{\omega} = \frac{\int\limits_{\Delta V} [(B_1 H_0 - B_0 H_1) + (E_1 D_0 - D_1 E_0)]\, dV}{\int\limits_{V_0} [D_0 E_0 - H_0 B_0]\, dV} \tag{1}$$

$\Delta V$: Volumen der Meßprobe, $V_0$: Volumen des Hohlraumresonators.

Zur D.K.-Messung wird ein $H_{10n}$-Resonator verwendet. Die Meßprobe wird an eine Stelle maximalen elektrischen Feldes und $H = 0$ angeordnet. Mit Gl. (1) erhält man für einen solchen Resonator:

$$\frac{\delta\omega}{\omega} = \frac{\int\limits_{\Delta V} (E_1 D_0 - D_1 E_0)\, dV}{\int\limits_{V_0} [D_0 E_0 - H_0 B_0]\, dV}, \tag{2}$$

Berücksichtigt man den komplexen Charakter der D.K. durch $\varepsilon = \varepsilon' - j\,\varepsilon''$, so geht diese Gleichung über in:

$$\frac{\delta'\omega}{\omega} = -6 \cdot \frac{\varepsilon' - 1}{\varepsilon' + 2} \cdot \frac{\Delta V}{V_0} \tag{3a}$$

und

$$\frac{\delta''\omega}{\omega} = 18 \frac{\varepsilon''}{(\varepsilon' + 2)^2} \cdot \frac{\Delta V}{V_0} = \delta\left(\frac{1}{2 Q_L}\right). \tag{3b}$$

(3a) stellt die Änderung der Eigenfrequenz des Hohlraumresonators,
(3b) dagegen die Änderung des Gütefaktors dar.

### Genauigkeitsforderung

Die D.K. von Ferriten liegt in der Größenordnung von 10—15. Für ein $V_0$ von ungefähr 15 cm³ und einer Eigenfrequenz von 9500 MHz ist eine Frequenzänderung von $\delta\omega \approx 1{,}56$ MHz zu erwarten. Die Probengröße ist hierbei als 1 mm ⌀ angenommen, d. h. $\Delta V = 5{,}2 \cdot 10^{-4}\ \text{cm}^3$. Bei der vorstehenden Meßmethode lassen sich diese Frequenzänderungen auf $\pm 30$ KHz genau bestimmen. Die Angabe des Probenvolumens ist mit einem Fehler von $\pm 1\%$ behaftet. Der Meßfehler der D.K. geht aus folgenden einfachen Überlegungen hervor:

Mit der Abkürzung $A = \frac{V_0}{\Delta V} \frac{\delta\omega}{\omega} \cdot \frac{1}{6}$ geht die Bestimmungsgleichung für $\varepsilon'$ über in:

$$\varepsilon' = \frac{1 - 2A}{1 + A}. \tag{4}$$

Differenziert man diese Gleichung nach $A$, so ergibt sich:

$$\frac{d\varepsilon'}{dA} = -\frac{3}{(1 + A)^2}. \tag{5}$$

Die Steigung der Funktion $\varepsilon'(A)$ im Punkte $A$ für $\delta\omega = 1{,}56$ MHz; $\omega = 2\pi \cdot 9400$ MHz; $V_0 = 15\ \mathrm{cm}^3$ und $\Delta V = 5{,}2 \cdot 10^{-4}\ \mathrm{cm}^3$ errechnet man

$$\frac{d\varepsilon'}{dA} = -0{,}96 \cdot 10^2.$$

Mit der in Abb. 2 dargestellten Funktion $\varepsilon(A)$ bekommt man für $\Delta A$ den Fehler bei der D.K.-Messung

$$\Delta\varepsilon' \approx 0{,}96 \cdot 10^2\, \Delta A. \tag{5a}$$

$\Delta A$ erhält man aus dem bekannten Fehlerfortpflanzungsgesetz zu

$$\Delta A = \pm \sqrt{\left[\frac{1}{6} \frac{V_0}{\omega} \frac{1}{\Delta V} m_1\right]^2 + \left[\frac{V_0\, \delta\omega}{6\, \omega} \cdot \frac{1}{\Delta V^2} m_2\right]^2} \tag{6}$$

$$m_1 = \frac{30\ \mathrm{kHz}}{1560\ \mathrm{kHz}} \delta\omega = 1{,}92 \cdot 10^2\, \delta\omega,$$

$$m_2 = y \cdot \Delta V;\ y \text{ kann als } \leq 1\% \text{ angenommen werden.}$$

Somit errechnet sich aus Gl. (6) ein $\Delta A$ von $\pm 1{,}62 \cdot 10^{-2}$. Hiermit liefert (5a) den Meßfehler von $\varepsilon'$: $\Delta\varepsilon \lesssim 10\%$ für $\varepsilon' \approx 15$.

Aus Gl. (3b) kann man durch Messung der Änderung des Gütefaktors den Verlustfaktor $\mathrm{tg}\,\delta = \varepsilon''/\varepsilon'$ bestimmen. Es können Güteänderungen von 90 gerade noch gemessen werden. Bei einer Kugel von 2,5 mm ∅ konnte man ein $\mathrm{tg}\,\delta$ von $5 \cdot 10^{-3}$ nachweisen. Für Kugeln von kleineren Durchmessern reicht die Meßgenauigkeit nicht aus.

Tabelle

*Meßwerte an verschiedenen Mg–Mn-Ferritproben*

| Durchmesser der Meßprobe [mm] | Frequenz-verschiebung [MHz] | Realteil der D.K. |
|---|---|---|
| 1,15 | 2,13 | 10,0 |
| 1,16 | 2,20 | 10,1 |
| 0,94 | 1,29 | 15,5 |
| 1,15 | 2,12 | 9,7 |
| 0,90 | 1,01 | 9,5 |
| 1,65 | 6,46 | 11,4 |
| 1,54 | 5,30 | 11,4 |
| 1,42 | 4,24 | 12,3 |
| 1,29 | 3,18 | 12,0 |
| 1,19 | 2,49 | 13,0 |
| 1,08 | 1,84 | 12,4 |
| 0,95 | 1,30 | 13,8 |
| 0,81 | 0,822 | 15,4 |
| 0,69 | 0,504 | 14,9 |

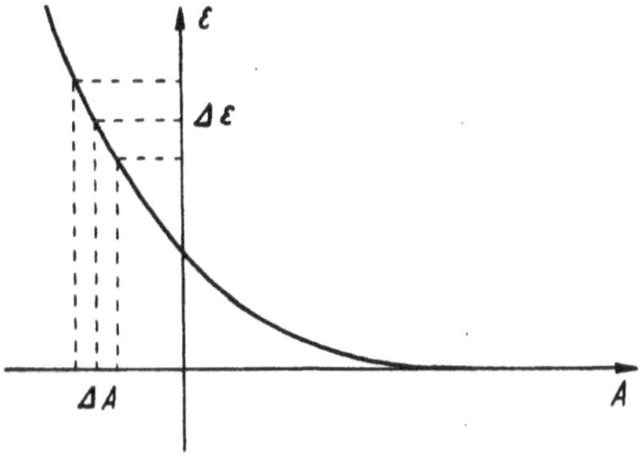


·Abb. 2. Funktion $\varepsilon = \varepsilon(A)$.

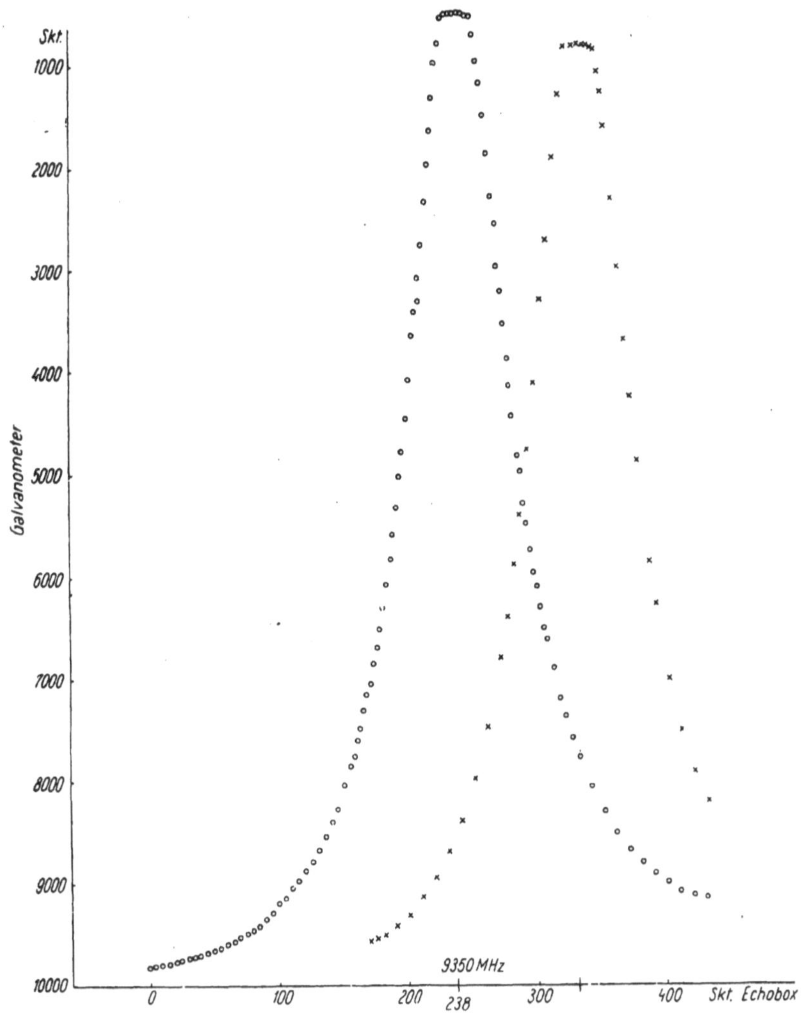


Abb. 3. Messung der Resonanzkurve des belasteten und unbelasteten Hohlraums.

Abb. 4. Gesamtaufbau des Meßplatzes zur Bestimmung der D.K.

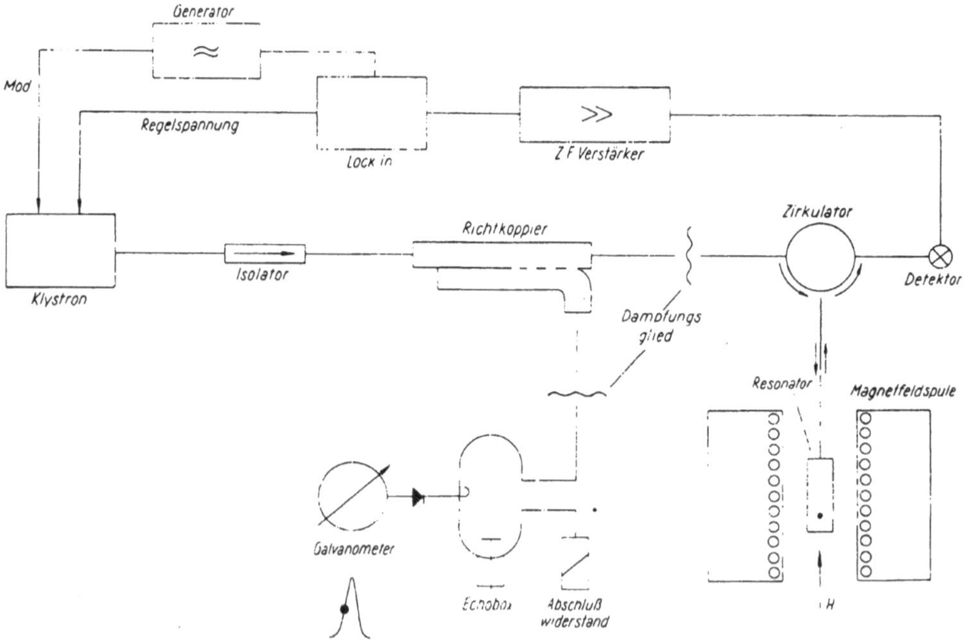


Abb. 5. Blockschaltbild der Anlage zur Messung des Einflusses der Magnetisierung auf den Meßwert der D.K.

In der Tabelle sind verschiedene Meßwerte zusammengestellt, bei den letzten Meßwerten wurde von einer Meßprobe der Durchmesser nach jeder Messung geändert, um den Einfluß der Probengröße auf die Messung zu zeigen. Abb. 3 zeigt zwei Resonanzkurven, die eine kennzeichnet, den leeren Resonator während die andere den Einfluß der eingebrachten Meßprobe veranschaulicht.

Zur Diskussion: Um die Frage zu beantworten, in wie weit der Magnetisierugszustand der Meßprobe das Meßergebnis beeinflußt, wurde eine Methode verwendet, wie sie im

Blockschaltbild, Abb. 5, angegeben ist. Das Klystron wird auf den Testresonator, in dem die Meßprobe eingebracht ist, stabilisiert und die Einstellung der Echobox so gewählt, daß die Frequenz des Klystrons auf der Flanke der Resonanzkurve in der Nähe der Umkehrpunkte liegt. Bei einer Güte der Echobox von 15000 entsprach eine Änderung des Ausschlages vom Galvanometer um einen Skalenteil ungefähr 5 KHz. Die Nachweisgrenze war durch Galvanometerschwankungen bedingt, so daß Frequenzänderungen von ungefähr 1 KHz nachweisbar hätten sein können. Der Magnetfeld wurde von 0 bis 1000 Oe. eingestellt. Es zeigt sich kein Einfluß der Magnetisierung der Ferritprobe auf das Meßergebnis.

## LITERATUR

[1] Gothe, K. H., Ann. Phys. 7. Folge Bd 6, H. 5—6, 1960, S. 298.
[2] Casimir, M., Philips Res. Rep. 6, 734 (1951).

Vorgetragen auf dem Kolloquium „Fragen der Physik und Chemie der Ferrite" am 1. und 2. März 1960, Berlin.

*Aus dem Institut für Magnetische Werkstoffe*
*der Deutschen Akademie der Wissenschaften zu Berlin, Jena*

# Dynamische magnetische Eigenschaften der Ferrite

Von F. VOIGT

*Zusammenfassung.* Nach einer kurzen Einleitung wird anhand einer Tabelle ein Überblick über die in den einzelnen Frequenzbereichen vorherrschenden Magnetisierungsprozesse in Ferriten bei kleinen und großen magnetischen Wechselfeldamplituden gegeben. Die im IMW z. Z. bearbeiteten dynamischen Probleme werden an der entsprechenden Tabellenstelle herausgestellt. Am speziellen Beispiel des Magnesiumferrits wird gezeigt, daß bei 60 MHz eine Unterteilung in zwei Feldstärkebereiche überflüssig ist. Die dynamischen Potentialmulden, in denen die Blochwände elastisch festgehalten werden, haben über relativ weite Strecken einen parabelförmigen Verlauf.

Auf Grund ihrer geringen Leitfähigkeit sind die Ferrite für technische Anwendungen und die magnetische Grundlagenforschung bei Wechselfeldmagnetisierung sehr geeignet. Der spezifische Widerstand liegt bei diesen Werkstoffen zwischen $10^2$ und $10^8$ $\Omega \cdot$ cm. Eine Behinderung der Ummagnetisierungsvorgänge durch Wirbelströme kann deshalb bis zu hohen Frequenzen vernachlässigt werden. Bei den dynamischen Eigenschaften der Ferrite werden zunächst nur rein magnetische Probleme bearbeitet, dielektrische, optische und magnetostriktive zur Zeit nicht. Die Grundlagenthemen sind so ausgewählt, daß sie in enger Verbindung zur Praxis stehen.

Bringt man ein Ferritkristallkorn in ein Magnetfeld, so werden die magnetischen Momente und die Blochwände aus ihren Potentialmulden herausgetrieben, manche auch über Potentialberge hinweg, was zu Barkhausensprüngen führt. Die Ummagnetisierungsvorgänge erfolgen erfahrungsgemäß auch in Ferriten trotz ihrer geringen Leitfähigkeit nicht beliebig rasch. Ziel unserer Untersuchungen ist es, die Reibung der Ummagnetisierungsvorgänge und die damit verbundenen Energieverluste zu verstehen.

Die Untersuchungsmethode wird man so auswählen, daß möglichst übersichtliche Verhältnisse vorliegen, daß man z. B. Drehprozesse und Blochwandverschiebungen voneinander trennen kann. Drehprozesse lassen sich bei Zentimeterwellen über die ferrimagnetische Resonanz untersuchen. Die Bereichsstruktur wird bei solchen Experimenten durch ein starkes magnetisches Gleichfeld beseitigt. Die magnetischen Momente sind dann zum angelegten Feld weitgehend parallel ausgerichtet. Außerdem sind die Blochwände bei Mikrowellen zu träge, um den raschen Feldänderungen zu folgen. Zunächst soll anhand einer Tabelle ein Überblick über die in den verschiedenen Frequenzbereichen vorherrschenden Magnetisierungsprozesse gegeben werden. Auf der Ordinate seien zwei Bereiche für die Amplitude des magnetischen Wechselfeldes $\hat{h}_{\sim}$ unterschieden.

| | | | |
|---|---|---|---|
| kleine $\hat{h}$ | Drehprozesse, Blochwandverschiebungen | Drehprozesse Blochwandverschiebungen | Drehprozesse |
| große $\hat{h}$ | Barkhausensprünge | | Drehprozesse, nichtlineares Verhalten |

1 10 100 1000

Frequenz in MHz

Die Blochwände sind nach der Ansicht verschiedener Autoren [1, 2, 3] von niedrigen Frequenzen bis etwa 1000 MHz an der Ummagnetisierung beteiligt. Ab dieser Frequenzgrenze erfolgt die Ummagnetisierung durch Herausdrehen der magnetischen Momente aus ihren Gleichgewichtslagen, also durch Drehprozesse. E. GLAUCHE (s. S. 54) wird in diesem Zusammenhang über ferrimagnetische Resonanzmessungen berichten. In starken Wechselfeldern treten bei Drehprozessen zusätzlich die sogenannten nichtlinearen Effekte auf. Ab einer Schwellenfeldstärke des magnetischen Wechselfeldes im Hohlleiter oder im Resonator steigen die Ummagnetisierungsverluste stark an, eine Erscheinung, die für Anwendungen der Ferrite in der Radartechnik unerwünscht ist. Derartige Messungen an Ferritstiften werden später diskutiert.

Die Barkhausensprünge tragen schon am Anfang des MHz-Bereiches in vielen Ferritwerkstoffen zur Ummagnetisierung nicht mehr bei, so daß dann die Ummagnetisierung durch Verdrehen der magnetischen Momente oder Verschieben der Blochwände innerhalb von Potentialmulden erfolgt, und zwar sowohl in kleinen als auch in großen magnetischen Wechselfeldern.

Die Hystereseschleife hat bei niedrigen Frequenzen unterhalb 1 MHz je nach dem gewählten Aussteuerungsbereich ein verschiedenes Aussehen. Bei kleinen Wechselfeldstärken kann sie durch Parabelbögen angenähert werden. Barkhausensprünge treten kaum auf. Für Grundlagenuntersuchungen in diesem Feldstärkebereich benutzt man zweckmäßigerweise sinusförmige Wechselströme und charakterisiert das Materialverhalten durch eine komplexe Permeabilität: $\mu(f, \hat{h}_\sim) = \mu' - i\,\mu''$ und deren Abhängigkeit von der Frequenz und von der magnetischen Wechselfeldstärke. Untersuchungen dieser Art werden an Ni-Zn-Ferriten mit Co-Zusatz durchgeführt, da diese Ferrite auf eine Magnetfeldglühung reagieren. Es interessiert, wie sich die durch eine Magnetfeldglühung induzierte Anisotropie auf die Ummagnetisierungsverluste (z. B. bei niedrigen Frequenzen auf die Jordanschen Verlustbeiwerte) auswirkt. Dazu werden die fertig gebrannten Ferritringkerne in einem magnetischen Gleichfeld von 5000 Oe, dessen Richtung senkrecht zu der des später bei der Bestimmung der komplexen Permeabilität benötigten Wechselfeldes liegt, von 500 °C innerhalb 6 Stunden auf Zimmertemperatur abgekühlt. Die Eigenfeldabhängigkeit der Permeabilität $\mu = f(\hat{h}_\sim)$ wird durch eine Glühung in einem solchen transversalen Gleichfeld beeinflußt. Die Grenzfrequenz — der Anstieg der Verluste $\mu''$ durch eine Resonanzerscheinung der bewegten Blochwände und der Spinpräzession — wird durch die Nachbehandlung nach tieferen Frequenzen verlagert (Abb. 1). Der Realteil $\mu'$ der komplexen Permeabilität ist nach der Beziehung von Kramers und Kronig mit dem Imaginärteil $\mu''$ verkoppelt. Unterhalb des Dispersionsgebietes wächst der Realteil durch die Magnetfeldglühung stark an, während der Verlauf oberhalb der Frequenz des Absorptionsmaximums nur wenig durch die Magnetfeldglühung beeinflußt wird.

Bei großen Aussteuerungen ist die komplexe Permeabilität zur Charakterisierung des Materials nicht mehr sinnvoll. Es treten jetzt in der Umgebung der Koerzitivkraft Barkhausensprünge auf, die jedoch durch Reibungsvorgänge behindert werden und der dynamischen Hystereseschleife ihr charakteristisches Aussehen geben. Die Induktion eines Punktes der Hystereseschleife rührt nicht allein von der momentan anliegenden Feldstärke her, sondern, da die Barkhausensprünge stark relaxiert ablaufen, von dem vorher wirkenden Druck auf die Blochwände. Übersichtlichere Verhältnisse erreicht man durch kurzzeitig angelegte impulsförmige Magnetfelder, da während der Impulsdauer ein konstant bleibender Druck auf die Blochwände ausgeübt wird und die Wirkung des konstanten Druckes über die an einer Sekundärwicklung eines Ringkernes entstehende Spannung verfolgt werden kann. Über derartige Untersuchungen wird G. VOGLER (s. S. 46) berichten.

An einem Beispiel soll nun gezeigt werden, daß bei 60 MHz eine Unterteilung in zwei Feldstärkebereiche überflüssig ist. In diesem Frequenzbereich treten an allen Ferriten aus-

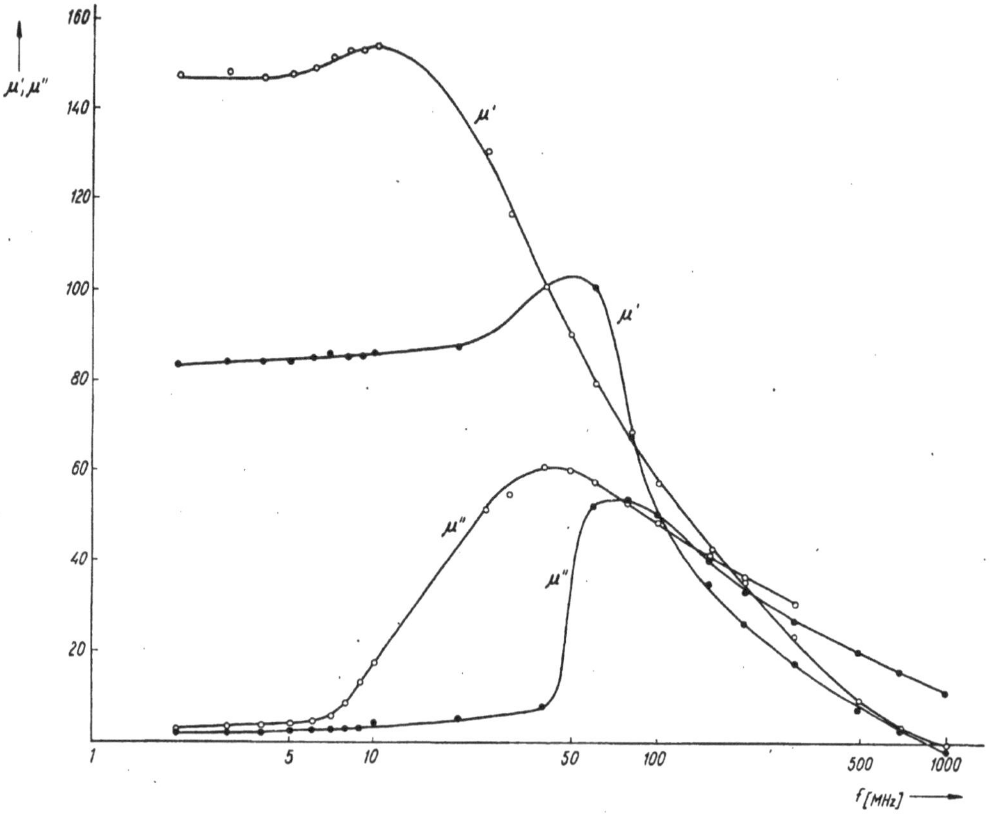


Abb. 1. Real- und Imaginärteil der komplexen Permeabilität eines Ni–Zn-Ferrits mit Co-Zusatz (24 Mol% NiO, 16 Mol% ZnO; 60 Mol% $Fe_2O_3$, Zusatz $^1/_2$ Gew.% CoO bezogen auf die Gesamtmasse) in Abhängigkeit von der Frequenz.

Punkte: Ohne Magnetfeldglühung Kreise: Mit Magnetfeldglühung.

geprägte Dispersionsgebiete der komplexen Permeabilität auf, die resonanzartigen Charakter haben. Sowohl die kohärente Spindrehung als auch die Blochwandbewegung können zu einer Resonanzerscheinung führen. Die Spinpräzession um die Richtung innerer effektiver Magnetfelder ist bekannt als natürliche ferromagnetische Resonanz. Die effektiven inneren Felder rühren von der Kristallanisotropie, Spannungen und entmagnetisierenden Feldern an Poren, Einschlüssen und Blochwänden her. Die Blochwand hat nun auch alle drei Eigenschaften, die für eine Resonanz benötigt werden [4, 5]: elastische Bindung $\alpha$, Trägheit $m$, Reibung. Die magnetischen Momente sind in der Blochwand um kleine Winkel gegeneinander verdreht, wozu Energie notwendig ist. Die Blochwände werden sich an solchen Stellen im Kristallkorn ausbilden, an denen der Energieaufwand pro Flächeneinheit gering ist, und hier werden sie in Potentialmulden elastisch festgehalten (Abb. 2). Bei einer Verschiebung $x$ der Blochwand müssen sich die Spins innerhalb der Blochwand drehen, sie führen eine Präzessionsbewegung aus, die, wie man von der ferrimagnetischen Resonanz her weiß, mit einer Reibung verbunden ist. Auch der Spin, die Kreiseleigenschaft der magnetischen Momente, überträgt sich auf die bewegte Blochwand und macht sie träge. Der Blochwand muß auf Grund dieser Vorstellung eine Art träge Masse $m$ zugeschrieben werden. Die Resonanzfrequenz der schwingenden Blochwand berechnet sich aus dem geometrischen Mittel aus elastischer und kinetischer Bindung:

$$\omega_B = \sqrt{\alpha/m}\,.$$

Die Bindungskonstante $\alpha$ ist nur in einem engen Bereich als konstant anzusehen, wie man von der statisch gemessenen Neukurve weiß. Sie berechnet sich aus der zweiten Ableitung der Blochwandenergie nach dem Ort: $\alpha = d^2\gamma/dx^2$. Werden die Blochwände um größere Strecken aus ihren Ruhelagen herausgetrieben, so muß die Bindung abnehmen. Zur Untersuchung der Abhängigkeit der Bindungskonstante von der Amplitude des magnetischen Wechselfeldes wurden Versuche an einem Magnesiumferrit $MgO \cdot Fe_2O_3$ ausgeführt. Die Kristallenergie [6] ist hier so groß, daß die natürliche ferromagnetische Resonanzfrequenz bei etwa 1000 MHz liegt und daß auf Grund von Drehprozessen die Permeabilität $\mu'$ nur 7 betragen darf. Gemessen wurde jedoch bei tiefen Frequenzen weit unterhalb des Dispersionsgebietes eine weit höhere Permeabilität von 31, so daß die Blochwände in weit stärkerem Maße an der Ummagnetisierung beteiligt sind und die Resonanzerscheinung nur durch Blochwandschwingungen entstehen kann. Der Magnesiumferrit sei noch durch folgende Datencharakterisiert: spontane Magnetisierung bei Zimmertemperatur $M_s$ = 2280 G, Koerzitivkraft $H_c$ = 4,3 Oe, Realteil der komplexen Permeabilität bei 60 MHz $\mu'(60) = 25$.

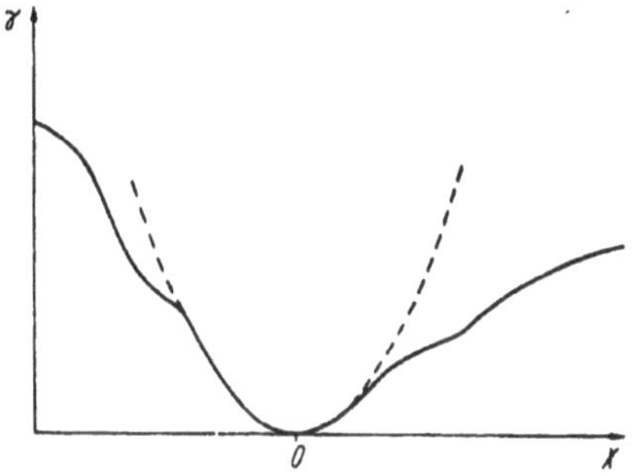


Abb. 2. Blochwandenergie in Abhängigkeit vom Ort. Gestrichelt eingezeichnet: Verlauf der dynamischen Potentialmulde.

Etwas unterhalb des Absorptionsmaximums der Blochwandresonanz bei 60 MHz wurden HF-Impulse von 50 $\mu$sec Dauer und einer Impulsfolgefrequenz von 100 Hz auf eine Meßleitung ausgekoppelt und über die Knotenverschiebung und Halbwertsbreite einer stehenden Welle der Real- und Imaginärteil der komplexen Permeabilität bestimmt. Die erreichten Feldstärken betrugen fast 8 Oe. Das Ergebnis war überraschend. Sowohl die Permeabilität als auch die Verluste blieben innerhalb der Meßgenauigkeit konstant. Von einer Verlagerung des Absorptionsgebietes ist nichts zu merken. Bei einer Permeabilität von 26 betrug die Magnetisierungsänderung bei 8 Oe Aussteuerung 200 G, also fast 9% der spontanen Magnetisierung. Obwohl die Blochwände relativ weit aus ihren Ruhelagen herausgetrieben wurden, bleibt nach obiger Formel die Bindung erhalten. Die Bindung, die in die Potentialmulde rücktreibende Kraft, wird nicht nach einem Gesetz: $K = \alpha x - \varepsilon x^3$ abgeschwächt, wie nach dem bisher angenommenen Verlauf in erster Näherung zu erwarten war. Die dynamischen Potentialmulden müssen bei hohen Frequenzen über relativ weite Strecken einen parabelförmigen Verlauf haben.

## LITERATUR

[1] Rado, G. T., R. W. Wright, W. H. Emerson, Ferromagnetism at very high frequencies. III. Two mechanisms of dispersion in a ferrite, Physic. Rev. 80, 273 (1950).

[2] Rado, G. T., A. Terris, Magnetization processes in a ferrite, Physic. Rev. 83, 177 (1951).

[3] Rado, G. T., R. W. Wright, W. H. Emerson, A. Terris, Ferromagnetism at very high frequencies. IV. Temperature dependence of the magnetic spectrum of ferrite, Physic. Rev. 88, 909 (1952).

[4] Döring, W., Über die Trägheit der Wände zwischen Weissschen Bezirken, Z. Naturforsch. 3a, 374 (1948).

[5] Becker, R., La Dynamique de la Paroi de Bloch et la Perméabilité en haute Frequence, J. Physique Radium, 12, 332 (1951).

[6] Folen, V. J., G. T. Rado, Composition dependence of the magnetocrystalline anisotropy of magnesium-iron ferrites, Bull. Amer. physic. Soc. Ser. 2, 1, 132 (1956).

Vorgetragen auf dem Kolloquium „Fragen der Physik und Chemie der Ferrite" am 1. und 2. März 1960, Berlin.

*Aus dem Institut für Magnetische Werkstoffe*
*der Deutschen Akademie der Wissenschaften zu Berlin, Jena*

# Über die Schaltzeitmessung an Rechteckferriten

Von G. VOGLER

*Zusammenfassung.* An Mn–Mg-Ferriten wurde die Schaltzeit in Abhängigkeit vom Aussteuerungs- und vom Schaltimpuls bei verschiedenen Temperaturen gemessen. Dabei zeigte es sich, daß mit wachsendem Aussteuerungsimpuls die Schaltzeit bei gleichem Schaltimpuls größer wird, die Startfeldstärke zunimmt und daß die Aufspaltung der Schaltzeitkurven von der Temperatur abhängig ist. Die Meßergebnisse können mit einer erweiterten Theorie der Ummagnetisierung durch Keime gedeutet werden.

Die Untersuchung der Ummagnetisierungsvorgänge und die Messung der Schaltzeit an Rechteckferriten wurden mit einer Impulsfolge durchgeführt, bei der abwechselnd ein Aussteuerungs- (Schreib-) und ein Schaltimpuls (Leseimpuls) einen Ringkern ummagnetisieren. Die Amplituden der beiden Impulse (Impulsbreite 3—8 $\mu$sec regelbar), deren Impulsabstand 12,5 $\mu$sec betrug, konnten unabhängig voneinander variiert werden. Als Schaltzeit $\tau$ wurde das Zeitintervall definiert, in dem der Ummagnetisierungsimpuls $\left(U(t) \sim \frac{d\,B(t)}{d\,t}\right)$ von 10% des Maximums bis zum Maximum ansteigt und wieder auf 10% abfällt.

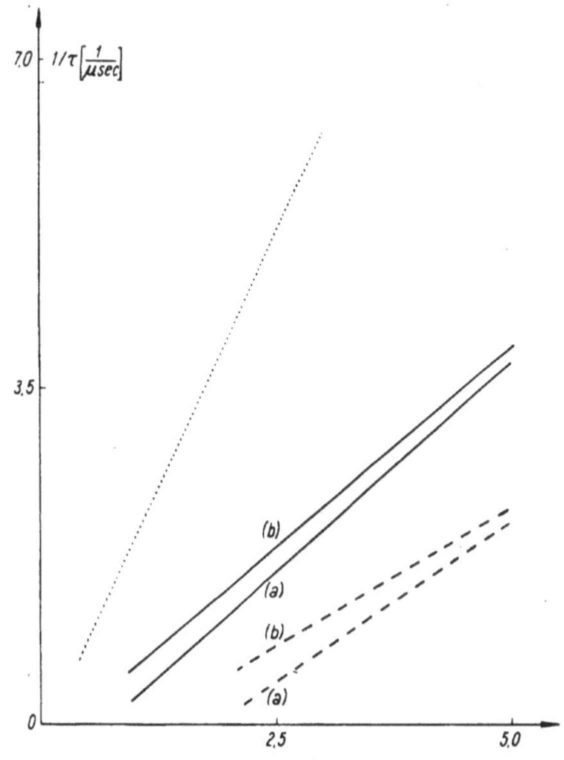


Abb. 1. Schematische Darstellung der reziproken Schaltzeit $1/\tau$ als Funktion des Schaltfeldes und in Abhängigkeit von der Temperatur (—185 °C, ———— +20 °C, ............+200 °C)

In Abb. 1 ist die reziproke Schaltzeit $1/\tau$ als Funktion des Schaltfeldes und in Abhängigkeit von der Temperatur (---- —185 °C, —— +20 °C, ............ +200 °C) und der Aussteuerungsfeldstärke ((*a*), (*b*)) schematisch dargestellt. Die Kurven (*a*) erhält man mit einem Aussteuerungsfeld von 15 Oe und variablem Schaltfeld und die Kurven (*b*) mit gleich großem variablen Aussteuerungs- und Schaltimpuls. Der Unterschied zwischen den Schaltzeitkurven (*a*) und (*b*) ist bei +200 °C so gering, daß er unterhalb des Auflösungsvermögens der Meßapparatur liegt.

Die Messungen wurden an 5 mm Mn–Mg-Ferrit-Ringkernen (40 Mol-% $Fe_2O_3$, 25 Mol-% MnO, 35 Mol-% MgO)[1]) vorgenommen, die aus Reinststoffen hergestellt worden waren.

Nach der Theorie von GOODENOUGH [1] werden die Streufelder an den Korngrenzen oder plattenförmigen Ausscheidungen,

[1]) Die Herstellung und chemische Untersuchung wurde von P. KLEINERT durchgeführt.

die dadurch entstehen, daß die leichten Richtungen in benachbarten Körnern kleine Winkel miteinander bilden oder die Beträge der spontanen Magnetisierungen sich unterscheiden, durch Keime herabgesetzt, in denen die Magnetisierung mit der Magnetisierung der angrenzenden Gebiete einen Winkel von 180° bildet. Die Anzahl und Größe der Keime wird durch die Poldichte auf den Korngrenzen und die spezifische Wandenergie bestimmt. Nach bekannten Beziehungen [2] erhält man für die reziproke Schaltzeit:

$$\frac{1}{\tau} = \frac{2 I_S}{\bar{d}\,\beta}(H - H_0)$$

($I_S$ — Sättigungsmagnetisierung, $H$ — Schaltfeld, $H_0$ — Startfeldstärke, $\beta$ — Dämpfungsparameter, $\bar{d}$ — mittlerer Keimabstand).

Es wird nun versucht, die Schaltzeitkurven mit der Theorie der Ummagnetisierung durch Keime qualitativ zu deuten. Dabei sollen zuerst die Abnahme von $H_0$ mit steigender Temperatur, dann die Abhängigkeit der Steigung ($2\, I_s/\beta\, \bar{d}$) der $1/\tau$-Kurven von der Temperatur und abschließend die Aufspaltung der Schaltzeitkurven mit wachsendem Aussteuerungsfeld diskutiert werden.

Ohne auf verwickelte Einzelheiten einzugehen, kann man sagen, daß ein 180°-Keim in erster Näherung dann irreversibel wächst, wenn die bei der Oberflächenvergrößerung $\Delta F$ benötigte Energie $\sigma_W\ \Delta F$ kleiner ist als die durch Volumenvergrößerung $\Delta V$ des Keimes gewonnene Feldenergie $2\, H\, I_S \cdot \Delta V$. Man erhält somit für die Startfeldstärke, das ist die Feldstärke, bei der der Keim gerade irreversibel zu wachsen beginnt:

$$H_0 = \frac{\sigma_W\ \Delta F}{2\, I_S\, \Delta V}$$

Nimmt man an, daß der Quotient $\Delta F/\Delta V$ in erster Näherung nicht von der Temperatur abhängt, dann gilt $H_0 \sim \frac{\sigma_W(T)}{I_S(T)} \sim \sqrt{K(T)}$ [2]. Die Temperaturabhängigkeit der Kristallenergiekonstanten $K_1$ ist aus bisher unveröffentlichten Messungen von G. Elbinger an Ferrit-Einkristallen der gleichen Zusammensetzung bekannt. Aus diesen Meßergebnissen ergeben sich folgende $H_0$-Änderungen, wenn man den $H_0$-Wert bei —185 °C zugrunde legt.

| Temperatur °C | gemessen $H_0$/Oe | berechnet $H_0$/Oe |
|---|---|---|
| —185 | 1,5 | |
| + 20 | 0,5 | 0,64 |
| +200 | 0,1 | 0,15 |

Die Übereinstimmung der theoretisch zu erwartenden und experimentell gefundenen Abnahmen von $H_0$ ist im Rahmen dieser sehr einfachen Abschätzung überraschend gut.

Die Steigung $\left(\frac{2\, I_S}{\bar{d}\,\beta}\right)$ der $1/\tau$-Kurve ist von der Sättigungmagnetisierung $I_S$, dem Dämpfungsparameter $\beta$ und dem mittleren Keimabstand $\bar{d}$ abhängig. Es war bereits weiter oben darauf hingewiesen worden, daß die Anzahl der Ummagnetisierungskeime von der Poldichte auf der Korngrenze und der Wandenergie abhängt. Zunehmende Poldichte oder abnehmende Wandenergie führen zu einer vermehrten Keimbildung und damit zu einem kleineren mittleren Keimabstand $\bar{d}$. Aus der Temperaturabhängigkeit der Sättigungsmagneti-

[2]) Die Temperaturabhängigkeit der Austauschenergie wurde durch eine Beziehung von Néel [3] berücksichtigt.

sierung[3]) und der Kristallenergiekonstanten entnimmt man, daß mit wachsender Temperatur die Wandenergie wesentlich stärker abnimmt als $I_S^2$ und deshalb der mittlere Keimabstand kleiner wird. Der Dämpfungsfaktor $\beta$, der bei Vernachlässigung der Dämpfung durch Wirbelströme nach bekannten Beziehungen [4] von der Linienbreite der ferrimagnetischen Resonanz[4]) und der Wanddicke abhängt, nimmt mit wachsender Temperatur ab. Das Produkt $\bar{d} \cdot \beta$ ändert sich mit $T$ stärker als $I_S$, so daß die Steigung $\left(\frac{2\,I_S}{\bar{d}\,\beta}\right)$ der $1/\tau$-Kurve mit $T$ zunimmt.

In jedem Korn wird es im allgemeinen zahlreiche Keime unterschiedlicher Größe und Beschaffenheit geben. Jedem dieser Keime kann man eine Feldstärke $H_W$ zuordnen, bei der er irreversibel wächst. Zur Erklärung der Aufspaltung der gemessenen Schaltzeitkurven soll die Theorie von Goodenough [1] dahingehend erweitert werden, daß die Häufigkeitsverteilung derFeldstärken $H_W$ in erster Näherung eine Gaußverteilung sein soll.

Beim Ummagnetisierungsvorgang wachsen zuerst die Keime mit kleinem $H_W$. Da sie nur in geringer Anzahl vorhanden sind, ist der mittlere Keimabstand $\bar{d}$ groß. Mit wachsendem Aussteuerungsimpuls werden immer mehr Keime mit kleinem $H_W$ aus dem Korn beseitigt und die Keime mit größerem $H_W$ übernehmen die Ummagnetisierung. Da sie in größerer Anzahl (Gaußverteilung) vorhanden sind, nimmt $\bar{d}$ ab und $H_0$ wegen des größeren $H_W$ zu. Es ist also verständlich, daß mit wachsendem Aussteuerungsimpuls sowohl $H_0$ als auch die Steigung $\left(\frac{2\,I_S}{\bar{d}\,\beta}\right)$ der $1/\tau$-Geraden zunehmen.

Die Aufspaltung der $1/\tau$-Kurven wird mit wachsender Temperatur kleiner. Das kommt daher, daß mit wachsendem Aussteuerungsfeld zwar immer mehr Keime im Material beseitigt werden, aber eine mit der Temperatur wachsende Anzahl dieser Keime noch vor dem Erreichen des Remanenzpunktes neu entsteht, so daß die Anzahl der Ummagnetisierungskeime und somit der mittlere Keimabstand immer weniger durch das Aussteuerungsfeld beeinflußt werden. Bei +200 °C ist diese Erscheinung schon so stark ausgeprägt, daß man für verschieden große Aussteuerungsimpulse die gleiche Schaltzeitkurve erhält.

## LITERATUR

[1] Goodenough, J., Physic. Rev. 95, 917 (1954).
[2] Menyuk, N., J. Goodenough, J. appl. Physics 26, 8 (1955).
[3] Neel, L., Ann. Univ. Grenoble 22, 299 (1946).
[4] Galt, J. G., J. Andrus, H. G. Hopper, Rev. mod. Physics 25, 93 (1953).

Vorgetragen auf dem Kolloquium „Fragen der Physik und Chemie der Ferrite" am 1. und 2. März 1960, Berlin.

[3]) Der Temperaturgang der Sättigungsmagnetisierung wurde von Perthel mit der magnetischen Waage gemessen.

[4]) Die Messung der Linienbreite der ferrimagnetischen Resonanz wurde an Einkristallen der gleichen Zusammensetzung von F. Voigt und E. Glauche durchgeführt.

*Aus dem Institut für Magnetische Werkstoffe*
*der Deutschen Akademie der Wissenschaften zu Berlin, Jena*

# Dämpfung und FARADAY-Drehwinkel bei Mikrowellenferriten

Von D. LINZEN, F. VOIGT

(vorgetragen von F. VOIGT)

*Zusammenfassung.* An stiftförmigen Proben eines aus Reinstsubstanzen hergestellten Mn–Mg-Ferrits (25 Mol% MnO, 35 Mol% MgO, 40 Mol% $Fe_2O_3$) wurden Verlustmessungen im Bereich von 0,1 bis 25 kW bei zirkularer und linearer Polarisation durchgeführt. Die Messungen zeigen das Auftreten eines nichtlinearen Verhaltens, das bei einer gewissen Schwelle der Leistung einsetzt. Bei zirkularer Polarisation wurden die Ergebnisse von SAKIOTIS, CHAIT und KALES bezüglich Abhängigkeit der Schwelle vom Durchmesser des Stiftes und Richtungssinn der Polarisation bestätigt. Das Verhalten bei linearer Polarisation der einfallenden Welle läßt sich qualitativ aus dem Verhalten gegenüber zirkularer Polarisation ableiten.

Besondere Beachtung findet in letzter Zeit das nichtlineare Verhalten der Ferrite bei hohen Mikrowellenleistungen. Man findet hier eine Abflachung und Verbreiterung der Resonanzkurve sowie das Auftreten einer Nebenresonanz bei niedrigeren Feldstärken des angelegten Gleichfeldes. Neben dem rein theoretischen besteht auch ein praktisches Interesse an diesen Effekten, da besonders die Nebenresonanzstelle die Eigenschaften der Mikrowellenbauteile bei hohen Leistungen ungünstig beeinflußt.

Die ersten Messungen an Ferritkugeln bei hohen Mikrowellenleistungen, wie sie bei der Radartechnik vorkommen, wurden von DAMON [1] und BLOEMBERGEN und WANG [2] durchgeführt. Nach der Theorie von SUHL [3], [4] sind die nichtlinearen Effekte auf ein starkes Anwachsen der Amplituden bestimmter Spinwellen auf Kosten der gleichförmigen Präzession zurückzuführen. Während für kugelförmige Proben das Anwachsen von $\chi''$ an der Nebenresonanzstelle bei zunehmender Mikrowellenleistung plötzlich einsetzt, so daß man von einer genau festliegenden Schwelle reden kann, braucht die Abnahme von $\chi''$ an der Hauptresonanzstelle nicht so plötzlich einzusetzen, sondern kann je nach der Inhomogenität der Probe mehr oder weniger fließend verlaufen [5].

Für kugelförmige Proben ist nach SUHL [3] die kritische Feldstärke an der Nebenresonanzstelle gegeben durch

$$h_c = \frac{\Delta H_k}{4\pi M} \cdot g(\Theta) \cdot [(H - H_0)^2 - (\Delta H)]^{1/2},$$

wobei $H$ das angelegte Gleichfeld, $H_0$ die Resonanzfeldstärke, $\Delta H_k$ die Halbwertsbreite der instabil werdenden Spinwelle, $\Delta H$ die Halbwertsbreite der ferromagnetischen Resonanz, $4\pi M$ die Sättigungsmagnetisierung und $g(\Theta)$ eine Funktion der Größenordnung 1 bedeuten. Nach SEIDEN und SHAW [6] kommt man zu einer Übereinstimmung mit den experimentellen Daten, wenn man für $\Delta H_k$ einen Wert von etwa 1 Oe annimmt.

Es muß also bei der Entwicklung von Materialien für Anwendungen bei hohen Leistungen darauf gesehen werden, daß $h_c$ genügend hoch liegt. Dies dürfte sich durch eine ausreichende Erniedrigung der Sättigungsmagnetisierung erreichen lassen. Dabei wird eine Verkleinerung des FARADAY-Drehwinkels in Kauf genommen werden müssen.

Die für kugelförmige Proben geltenden Beziehungen können nicht ohne weiteres auf stiftförmige Proben im Hohlleiter angewendet werden, sondern sie erlauben nur eine größenordnungsmäßige Abschätzung. Da die Berechnung des Verhaltens von Ferritstiften im Hohlleiter große Schwierigkeiten bereitet, mißt man am besten direkt die interessierende Anordnung aus.

Sakiotis, Chait und Kales [7] untersuchten den Mn–Mg-Ferrit Ferramic R-1 bei Impulsleistungen bis zu 100 kW. Ihre Proben waren vorwiegend runde Stifte in einem runden Hohlleiter bei zirkularer Polarisation der Mikrowelle. Sie fanden ein Ansteigen der Verluste von so niedrigen Leistungen wie 1 kW ab.

Nachfolgend werden Messungen im Hohlleiter an einem Mn–Mg-Ferrit beschrieben, der – wie sich herausstellen wird – für die Verwendung bei hohen Leistungen nicht geeignet ist.

## Beschreibung der Apparatur zur Messung der Dämpfung bei hohen Leistungen

Mit der in Abb. 1 im Blockschaltbild wiedergegebenen Apparatur konnte die von einem Ferritstift verursachte Dämpfung bei Impulsleistungen bis 25 kW gemessen werden. Die Leistungen des Senders wurden mit Hilfe der Anodenspannung verändert. Im unteren Bereich der Leistung konnte ein variables Dämpfungsglied verwendet werden. Der Magnetronsender lieferte Impulse von 0,5 $\mu$sec Dauer bei einer Impulsfolgefrequenz von 1 kHz. Die mittlere Leistung des Senders wurde mit der über den ersten Richtkoppler gespeisten Thermistorbrücke gemessen. Über den zweiten Richtkoppler wurde ein konstantes Vergleichssignal abgenommen. Dieses Signal sowie das über den dritten Richtkoppler erhaltene Signal, das den durch den Ferrit beeinflußten Impuls wiedergab, wurde über ein mit 50 Hz schwingendes Relais auf einen Impulsoszillographen mit Kettenverstärker gegeben. Auf dem Bildschirm waren so beide Signale gleichzeitig sichtbar. Der Oszillograph mit Verstärker besaß eine Empfindlichkeit von 5 mV/cm bei einer oberen Grenzfrequenz von 30 MHz.

Der Ferritstift selber befand sich in einer Drehwinkelmeßapparatur, wie sie zur Messung des Faraday-Effektes verwendet wird. Es war auf diese Weise möglich, wahlweise bei linearer oder zirkularer Polarisation der Mikrowelle zu messen. Bei zirkularer Polarisation wurden $\lambda/4$-Stücke aus Trolitul in die Drehwinkelmeßapparatur eingesetzt.

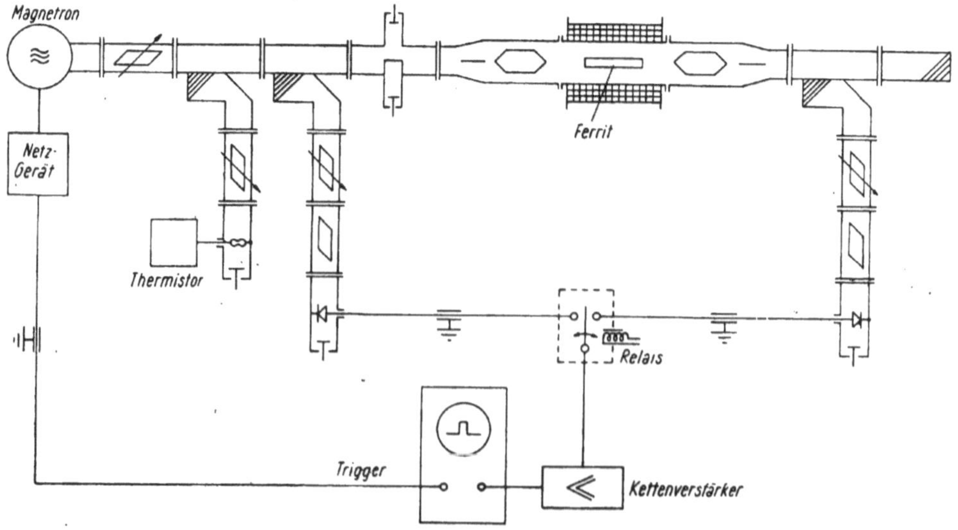


Abb. 1. Blockschaltbild der Apparatur zur Messung der Verluste an Ferritstiften bei höheren Leistungen

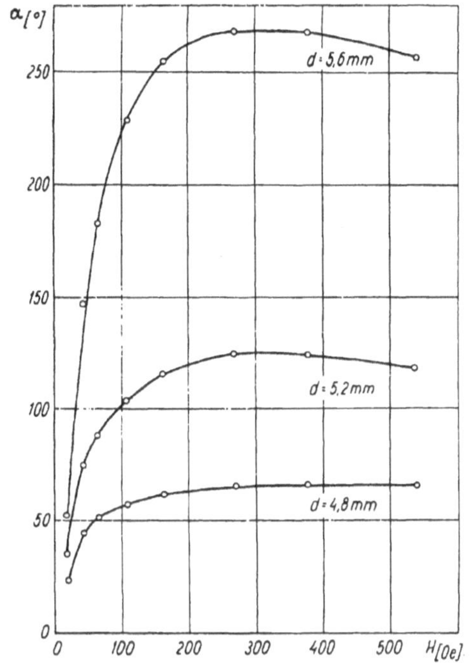


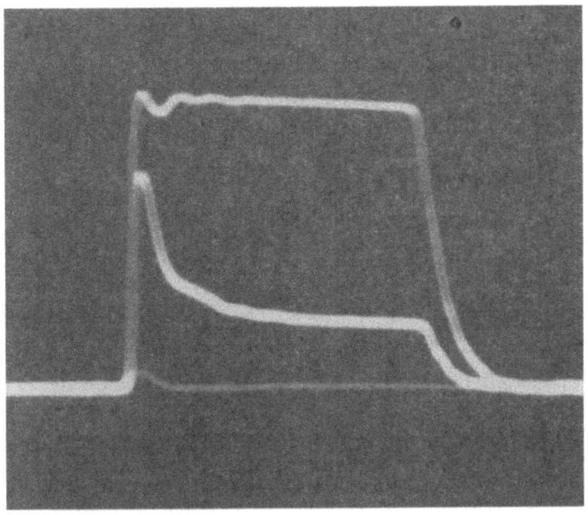

Abb. 3. Impuls vor und hinter dem Ferritstift

Abb. 2. (links) Drehwinkel von Mn–Mg-Ferrit-Stiften (Durchmesser 4,8; 5,2 und 5,6 mm, Länge 50 mm) als Funktion des angelegten Gleichfeldes. $\lambda = 3{,}2$ cm; Hohlleiterdurchmesser 24 mm

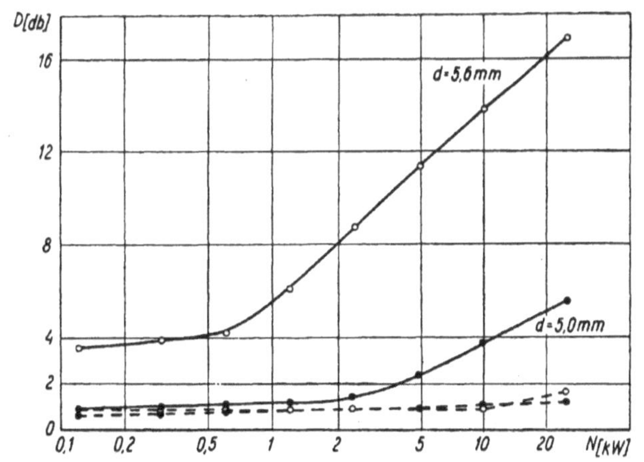


Abb. 4. Verluste zweier Mn–Mg-Ferrit-Stifte (Durchmesser 5,0 und 5,6 mm, Länge 50 mm) bei zirkularer Polarisation in Abhängigkeit von der Leistung
ausgezogene Kurven: negativ zirkulare Polarisation;
gestrichelte Kurven: positiv zirkulare Polarisation; $H = 325$ Oe

Zur Messung der Dämpfung wurden zunächst ohne Ferrit die Bilder der Impulse durch Verändern der im zweiten und dritten Seitenzweig befindlichen Dämpfungsglieder auf gleiche Höhe eingestellt, d. h. sie wurden zur Deckung gebracht. Nach Einbringen des Ferritstiftes wurde dann der Rückgang des durch den Ferrit gegangenen Signals durch weiteres Aufdrehen des im dritten Seitenarm befindlichen Dämpfungsgliedes ausgeglichen. Die Dämpfung konnte so direkt ermittelt werden. Mit dem unmittelbar vor der Drehwinkelmeßapparatur befindlichen Anpassungstransformationsglied wurde die Anpassung des nachfolgenden Teiles der Apparatur verbessert, indem jeweils der durch den Ferrit gegangene Impuls auf maximale Größe eingestellt wurde.

Die einzelnen Messungen wurden möglichst schnell durchgeführt, um eine Veränderung der Eigenschaften des Ferrits durch Erwärmung auszuschließen.

## Messungen

Es wurde der aus Reinstsubstanzen hergestellte Mn–Mg-Ferrit der Zusammensetzung 40 Mol-% $Fe_2O_3$, 35 Mol-% MgO und 25 Mol-% MnO auf sein Verhalten bei hohen Leistungen untersucht. Die Halbwertsbreite dieses Ferrites betrug bei Zimmertemperatur $\Delta H = 250$ Oe, seine Sättigungsmagnetisierung $4\pi M = 3000$ G bei einer Dichte von 4,52 g/cm³. Die Proben hatten 50 mm Länge und Durchmesser bis 5,6 mm.

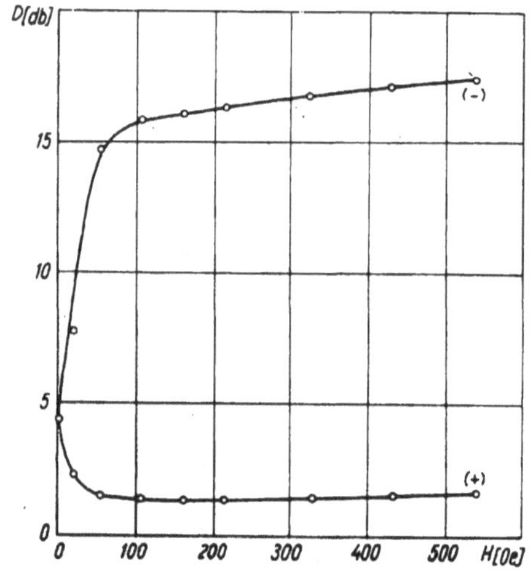


Abb. 5. Verluste eines Mn–Mg-Ferrit-Stiftes ($d = 5{,}6$ mm, $l = 50$ mm) in Abhängigkeit vom angelegten Gleichfeld für negativ (—) und positiv (+) zirkulare Polarisation. $N = 25$ kW

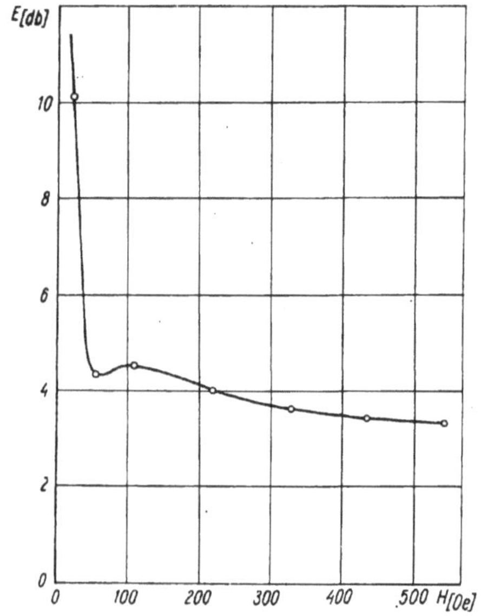


Abb. 6. Elliptizität der Welle nach Durchgang durch den Ferritstift ($d = 5{,}6$ mm, $l = 50$ mm) als Funktion des angelegten Gleichfeldes. $N = 25$ kW

Es ist schon länger bekannt, daß sich der FARADAY-Drehwinkel bei hohen Leistungen nur wenig ändert, wenn man von Veränderungen durch Erwärmung absieht [7]. Dies fanden wir bestätigt; die Änderungen betrugen nur wenige Prozent. Abb. 2 gibt den FARADAY-Drehwinkel in Abhängigkeit vom Gleichfeld wieder. Während unterhalb der Schwelle des nichtlinearen Verhaltens der Impuls durch den Ferrit gleichmäßig in der Amplitude reduziert wird, tritt oberhalb der Schwelle eine charakteristische Verformung des Impulses auf, die auf ein zeitlich verzögertes Einsetzen des neuen Verlustmechanismus schließen läßt (Abb. 3). Bei der Messung der Verluste wurde auf das Ende des Impulses eingestellt, d. h. die Verluste wurden im eingeschwungenen Zustand bestimmt.

Abb. 4 gibt die Verluste zweier Stifte verschiedenen Durchmessers bei einem Gleichfeld von $H = 325$ Oe als Funktion der Impulsleistung wieder. Man sieht, daß bei größerem Durchmesser die Schwelle niedriger liegt. Die Verluste zeigen unterhalb der Schwelle noch eine schwache Abnahme. Darauf deuten auch die niedriger liegenden Verluste bei Klystronleistungen hin.

In Abhängigkeit vom angelegten Gleichfeld zeigen die Verluste bei 25 kW den in Abb. 5 wiedergegebenen Verlauf. Vom entmagnetisierten Zustand aus steigen die Verluste der negativ zirkular polarisierten Welle rasch an, während die Verluste der positiv zirkular polarisierten Komponente abfallen. Der Bereich des Gleichfeldes bis 540 Oe entspricht dem Bereich, in dem sich die Anwendungen des Faraday-Effektes abspielen.

Läßt man eine *linear polarisierte Welle* auf den Ferrit fallen, so ergibt sich ein ähnliches Anwachsen der Verluste wie in Abb. 4, nur erfolgt das Zunehmen der Dämpfung bei höheren Leistungen langsamer. Man kann zur Erklärung annehmen, daß dann zwar die negativ zirkular polarisierte Komponente weitgehend absorbiert ist, über die positiv zirkular polarisierte Komponente jedoch ein Teil der Energie (ohne Dämpfung dieser Komponente wäre es ein Viertel) im Analysator zur Anzeige kommt. Dies wird auch durch die Messung der Elliptizität (Unterschied der in den Hauptachsenrichtungen der elliptisch polarisierten Welle gemessenen Leistungen in db) der ursprünglich linear polarisierten Welle hinter dem Ferrit bestätigt (Abb. 6). Ein Impuls wird bei ursprünglich linearer Polarisation den Ferrit im ersten Moment linear polarisiert, nach Einsetzen des nichtlinearen Verhaltens jedoch stärker gedämpft und elliptisch polarisiert verlassen.

## LITERATUR

[1] Damon, R. W., Rev. mod. Physics 25, 239 (1953).
[2] Bloembergen, N., S. Wang, Physic. Rev. 93, 72 (1954).
[3] Suhl, H., Proc. IRE, 44, 1270 (1956).
[4] Suhl, H., Physics Chem. Solids 1, 209 (1957).
[5] Suhl, H., J. appl. Physics 30, 1961 (1959).
[6] Seiden, P. E., H. J. Shaw, Proc. IRE 48, 122 (1960).
[7] Sakiotis, N. G., H. N. Chait, M. L. Kales, IRE Trans Antennas and Propagation, AP-4, 2, 111 (1956).

Vorgetragen auf dem Kolloquium „Fragen der Physik und Chemie der Ferrite“ am 1. und 2. März 1960, Berlin.

*Aus dem Institut für Magnetische Werkstoffe der Deutschen Akademie der Wissenschaften zu Berlin, Jena*

# Halbwertsbreiten der ferrimagnetischen Resonanz in poly- und einkristallinen Mg- und Ni-Ferriten

Von E. GLAUCHE

*Zusammenfassung.* Die Halbwertsbreiten ($\Delta H$) von poly- und einkristallinen Mg- und Ni-Ferriten wurden im Temperaturbereich von —170 °C bis 20 °C bei 9368 MHz und 24000 MHz gemessen. Die poly- und einkristallinen Ferrite wurden aus den gleichen Ausgangssubstanzen hergestellt. Es ergab sich, daß die Größe und die Temperaturabhängigkeit von $\Delta H$ der Mg- und Ni-Ferriteinkristalle sicher vom $Fe^{++}$-Ionengehalt abhängig sind. An den Ferriteinkristallen, die $Fe^{++}$-Ionen enthalten, wurde eine Orientierungsabhängigkeit von $\Delta H$ beobachtet. Die Ergebnisse über die Linienverbreiterung an polykristallinem Mg-Ferrit bestätigen die Auffassung, daß diese von der Kristallanisotropie und der Porosität verursacht wird.

Die Erscheinung der ferrimagnetischen Resonanz beruht auf dem Verhalten der magnetischen Momente als magnetische Kreisel (Spin). Legt man an ein Ferrimagnetikum ein äußeres Magnetfeld an, so versuchen sich die Spins in Richtung desselben einzustellen. Dabei führen sie zunächst eine Präzessionsbewegung um ihre neue Gleichgewichtslage aus, deren Amplitude wegen der Energieabgabe an die Umgebung in etwa $10^{-8}$ sec abklingt. Wird senkrecht zum magnetischen Gleichfeld noch ein magnetisches Hochfrequenzfeld angelegt, dann kann im Resonanzfall die Präzessionsbewegung der Spins aufrecht erhalten werden. Die dazu nötige Energie wird dem Hochfrequenzfeld entnommen.

Im Resonanzexperiment wird die zu untersuchende Ferritprobe in einen für eine bestimmte Frequenz gebauten Mikrowellenresonator an die Stelle des magnetischen Wechselfeldes gebracht, zu dem senkrecht ein magnetisches Gleichfeld angelegt wird. Letzteres wird variiert und die bei Resonanz auftretende Absorption beobachtet. Das Ergebnis ist eine Resonanzkurve. Die Resonanzfeldstärke ist mit der Frequenz durch die KITTELsche Formel $\omega = \gamma H_{eff}$ verknüpft [1]. Darin ist $\gamma$ das gyromagnetische Verhältnis und $H_{eff}$ die auf die Spins wirkende magnetische Feldstärke. Letztere wird so groß gewählt, daß die zu untersuchende Ferritprobe homogen magnetisiert ist. Die Halbwertsbreite $\Delta H$ der Resonanzkurve steht im Zusammenhang mit dem Dämpfungsmechanismus der Spinpräzession. Somit ermöglicht das Resonanzexperiment das Studium reiner Drehprozesse in Abwesenheit von Blochwänden. Die für die homogene Magnetisierung benötigten Feldstärken erfordern das Arbeiten im Mikrowellengebiet.

Mit dem Ziel, Aussagen über die Ursachen der Größe der an Ferriteinkristallen vorhandenen Halbwertsbreiten und der bei polykristallinen Ferriten auftretenden Linienverbreiterung zu erhalten, wurde $\Delta H$ an poly- und einkristallinen Mg- und Ni-Ferriten bei 9368 MHz und 24000 MHz und bei den Temperaturen —164 °C, —64 °C und 20 °C gemessen. Die Herstellung der poly- und einkristallinen Ferrite erfolgte zu diesem Zweck aus den gleichen Ausgangssubstanzen. Es wurden neben reinem Mg-Ferritpulver die von den Keramischen Werken Hermsdorf gelieferten technischen Mg- und Ni-Ferritpulver Manifer 11 und Manifer 6 verwendet. Die technischen Ferrite enthalten als Verunreinigungen im wesentlichen Zn- und Si-Oxyd. Die Ferriteinkristalle stellte G. ELBINGER [2] nach dem VERNEUILverfahren her. Die Orientierung derselben geschah röntgenografisch. Die polykristallinen Proben wurden im üblichen Sinterprozeß hergestellt. Dabei ergab sich, daß Veränderungen in der Vorbehandlung und dem Sinterprozeß keinen merklichen Einfluß auf die Halbwertsbreiten haben. Die gemessenen Frequenz- und Temperaturabhängigkeiten von $\Delta H$ sind in den Abbn. 1 bis 3 grafisch dargestellt.

Die bei 24000 MHz gemessenen Halbwertsbreiten sind durchweg größer als diejenigen, die bei 9368 MHz gemessen wurden. Diese Differenz erklärt sich aus dem sogenannten Größeneffekt, der bei den verwendeten Kugeln (0,27—0,4 mm) bei 24000 MHz noch eine

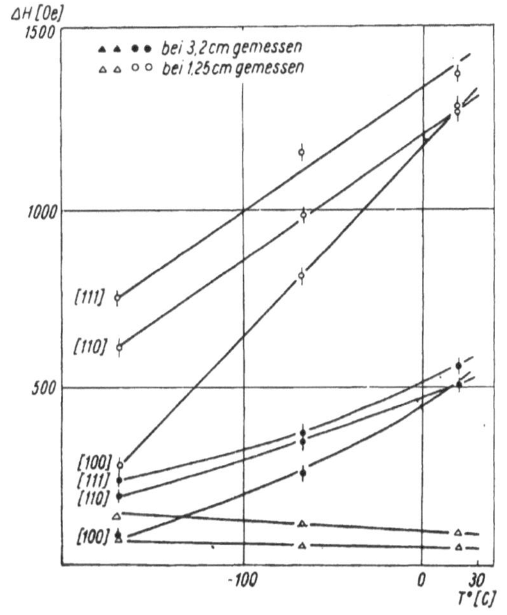


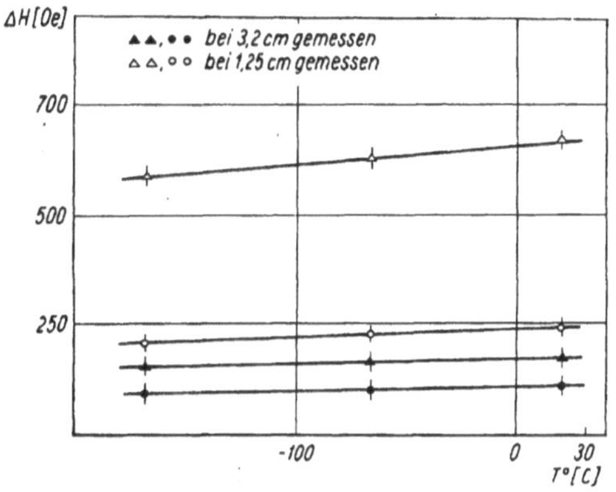


Abb. 2. Temperaturabhängigkeit von $\Delta H$ im Bereich von —170 °C bis 20 °C bei 9368 MHz und 24000 MHz für den technischen Ni-Ferriteinkristall ● ● ○ ○ Probe *a*, ▲ ▲ △ △ Probe *b*

Abb. 1. (links) Temperaturabhängigkeit von $\Delta H$ im Bereich von —170 °C bis 20 °C bei 9368 MHz und 24000 MHz für die Mg-Ferriteinkristalle ▲ ▲ △ △ rein, ● ● ○ ○ technisch

dem Probendurchmesser entsprechende Vergrößerung von $\Delta H$ verursacht. Bei 9368 MHz hat der Größeneffekt keinen Einfluß mehr, so daß die hier erhaltenen $\Delta H$ als richtig anzusehen sind. Für den reinen Mg-Ferriteinkristall (Mg-F.E.R.) wurde das durch zahlreiche Messungen bei 20 °C an zwei Kugeln von 0,55 mm und 0,3 mm überprüft. Das Ergebnis lautet: $\Delta H_{0,55} = (55 \pm 10)$ Oe, $\Delta H_{0,3} = (51 \pm 10)$ Oe.

Nach der Temperaturabhängigkeit der Halbwertsbreiten lassen sich die untersuchten Ferriteinkristalle in zwei Gruppen einteilen. $\Delta H$ von Mg-F.E.R. fällt mit wachsender Temperatur. $\Delta H$ des technischen Mg-Ferriteinkristalls (Mg-F.E.T.) und der Proben *a*, *b* des technischen Ni-Ferriteinkristalls (Ni-F.E.T.) zeigt das umgekehrte Temperaturverhalten. Diese unterschiedliche Temperaturabhängigkeit von $\Delta H$ ist in der Literatur von TANNENWALD [3] für Mn-Ferriteinkristalle angegeben worden. Er beobachtete an reinen Mn-Ferriteinkristallen eine Zunahme von $\Delta H$ mit abnehmender Temperatur und an solchen mit $Fe^{++}$-Ionen das umgekehrte Temperaturverhalten und ein größeres $\Delta H$ bei 20 °C. Es ist sehr wahrscheinlich, daß auch das Temperaturverhalten vom Mg-F.E.T. und Ni-F.E.T*a*, *b* mit einem größeren $Fe^{++}$-Ionengehalt zusammenhängt. Beim Mg-F.E.T. tritt eine starke Orientierungsabhängigkeit von $\Delta H$ auf. Die Halbwertsbreiten der anderen Ferriteinkristalle zeigen innerhalb der Meßgenauigkeit keine Orientierungsabhängigkeit.

In der Theorie der ferrimagnetischen Resonanz sind verschiedene Versuche unternommen worden, um die an den Ferriteinkristallen gemessenen Linienbreiten zu erklären. Mit der

Spinwellentheorie ist es möglich, die Größe und Temperaturabhängigkeit von $\Delta H$ weit unterhalb des CURIE-Punktes zu verstehen [4]. Betrachtet man die Ferrite als Halbleiter, dann liegt die Vermutung nahe, daß in dem hier untersuchten Temperaturbereich die mit der Temperatur wachsenden $\Delta H$ des Mg-F.E.T. und Ni-F.E.Ta, *b* im Zusammenhang mit der ansteigenden Leitfähigkeit derselben stehen. Beim Mg-F.E.R. scheint dagegen kein Einfluß eines von der Leitfähigkeit verursachten Verlustmechanismus vorhanden zu sein. Die Orientierungsabhängigkeit ist theoretisch noch nicht untersucht worden.

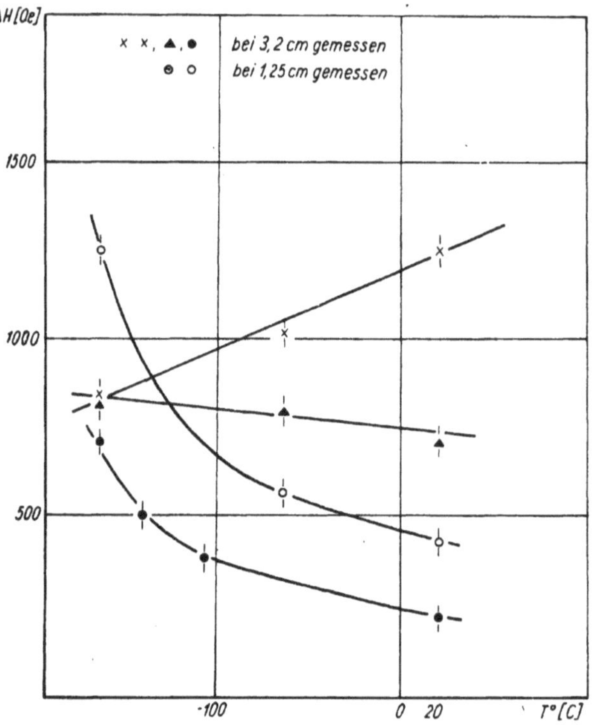


Abb. 3. Temperaturabhängigkeit von $\Delta H$ im Bereich von —170 °C bis 20 °C bei 9368 MHz und 24000 MHz für die polykristallinen Ferrite

● ● ○ ○ reiner Mg-Ferrit × × × technischer Mg-Ferrit ▲ ▲ ▲ technischer Ni-Ferrit

Bei der theoretischen Untersuchung von $\Delta H$ der polykristallinen Ferrite genügt es, nur den Linienverbreiterungsmechanismus zu betrachten [5], da dieser so stark überwiegt, daß die für Einkristalle heranzuziehenden Verlustmechanismen zu vernachlässigen sind. Der zusätzliche Linienverbreiterungsmechanismus wird von der Mikrostruktur (regellos verteilte Kristallite, unmagnetische Einschlüsse) verursacht. Zwischen den Kristalliten bestehen Wechselwirkungen, zu denen die Dipolkräfte den Hauptbeitrag liefern, da die Austauschkräfte wegen ihrer kurzen Reichweite vernachlässigbar sind. Die Größe der Kopplung ist deshalb $M_s$ proportional. Andererseits ist das Anisotropiefeld $H_a = \frac{2\,|K_1|}{M_s}$ ein Maß für das Bestreben der Kristallite, sich unabhängig zu verhalten. Für die Rechnung wird zwischen dem Fall der starken Kopplung $H_a \ll M_s$ und dem Fall der schwachen Kopplung $H_a \gg M_s$ unterschieden, da diese verschiedene theoretische Methoden erfordern.

Bei den Ferriten liegt gewöhnlich das Anisotropiefeld in der Größenordnung von $M_s$, so daß Dipolkräfte und $H_a$ zur Linienverbreiterung $\Delta H_P - \Delta H_E$ beitragen. Für diesen

Fall berechnete E. Schlöman [6] die Linienverbreiterung näherungsweise zu.

$$\Delta H_P - \Delta H_E = \left|\frac{K_1}{M_s}\right| + 6\,\pi\,M_s\frac{v}{V}$$

$v$: Porenvolumen; $V$: Probenvolumen.

Für den Mg-F.E.R. und Mg-F.E.T. wurden die Temperaturabhängigkeiten der Linienverbreiterung, der Magnetisierung und der Kristallanisotropie in den Abbn. 4 und 5 miteinander verglichen. Danach wird $\Delta H_P - \Delta H_E$ beim Mg-F.E.R. von der Kristallaniso-

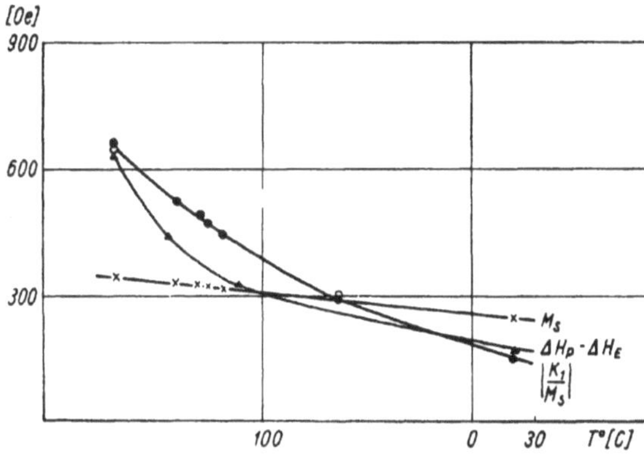


Abb. 4. Vergleich von $\Delta H_P - \Delta H_E$ mit $\left|\frac{K_1}{M_s}\right|$ und $M_s$ im Temperaturbereich von —170 °C bis 20 °C für den reinen Mg-Ferrit

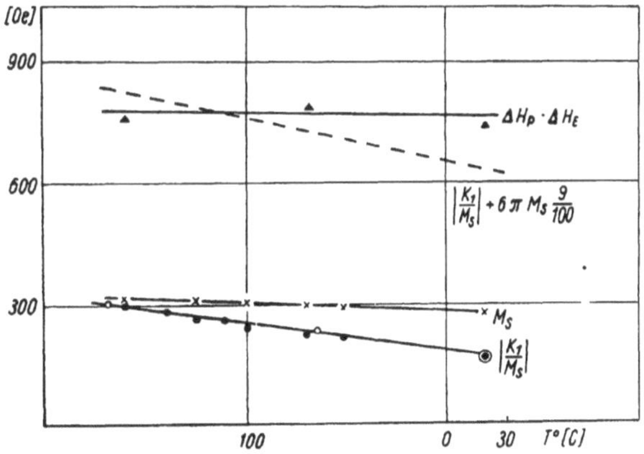


Abb. 5. Vergleich von $\Delta H_P - \Delta H_E$ mit $\left|\frac{K_1}{M_s}\right|$ und $M_s$ im Temperaturbereich von —170 °C bis 20 °C für den technischen Mg-Ferrit

tropie verursacht. Die größere Linienverbreiterung beim Mg-F.E.T. kann durch eine Porosität von etwa 9% erklärt werden (gestrichelt gezeichnete Kurve in Abb. 5). Der Porositätsunterschied konnte qualitativ durch Schliffbilder bestätigt werden. Die Meßergebnisse von $\Delta H_P - \Delta H_E$ stimmen also mit der von Schlöman berechneten Formel überein.

Die an poly- und einkristallinen Ferriten ausgeführten $\Delta H$-Messungen lieferten die folgenden Ergebnisse:

Die Größe $\Delta H$ von Mg- und Ni-Ferriteinkristallen und ihre Temperaturabhängigkeit sind sicher ebenso wie bei Mn-Ferriteinkristallen vom $Fe^{++}$-Ionengehalt abhängig. Sehr wahrscheinlich ist auch, daß die gefundene Orientierungsabhängigkeit von $\Delta H$ ebenfalls mit dem $Fe^{++}$-Ionengehalt in Verbindung steht. Die Ergebnisse über die Linienverbreiterung am polykristallinen Mg-Ferrit bestätigen im Rahmen der in der Theorie gemachten Vernachlässigungen die Auffassung, daß diese Verbreiterung von der Kristallanisotropie und der Porosität verursacht wird.

## LITERATUR

[1] KITTEL, C., Physic. Rev. 73, 155 (1948).
[2] ELBINGER, G., Exp. Techn. Physik 7, 193 (1959).
[3] TANNENWALD, D. E., Physic. Rev. 100, 1713 (1955).
[4] SMIT, J., H. P. J. WIJN, „Ferrites", Philips' Technical Library 1959.
[5] SCHLÖMANN, E., J. Physique Radium 20, 327 (1959).
[6] SCHLÖMANN, E., Bostontagung über Ferromagnetismus 1956, Amer. Inst. Electr. Eng., New York 1957.

Vorgetragen auf dem Kolloquium „Fragen der Physik und Chemie der Ferrite" am 1. und 2. März 1960, Berlin.

*Aus dem Physikalischen Institut der Hochschule für Verkehrswesen, Dresden*

# Untersuchung über das Temperaturverhalten der Magnetisierung an hartmagnetischen Ferriten

Von G. HEIMKE

*Zusammenfassung.* Aus der Diskussion der Wechselwirkungsfolge der fünf kristallographisch unterscheidbaren Untergitter der Ferriionen in Materialien mit Magnetoplumbitstruktur wird eine Möglichkeit zur Änderung des Temperaturganges der Sättigungsmagnetisierung abgeleitet. Es werden die Bedingungen für deren Realisierung aufgestellt. Die experimentelle Durchführung ergibt die erwartete Veränderung der CURIE-Temperatur und darüber hinaus einen abgewandelten Verlauf der Magnetisierungs-Temperatur-Kurve.

Die Oxydmagnete mit Magnetoplumbitstruktur zeigen einen anomalen Temperaturverlauf der Sättigungsmagnetisierung: Sie fällt nahezu linear mit steigender Temperatur [1]. Da bei hinreichender Kornfeinheit und isotroper Richtungsverteilung der Kristallite die Remanenz $B_r$ gleich der halben Sättigungsmagnetisierung ist, liegt darin auch die Ursache des hohen Temperaturkoeffizienten der Remanenz $(\Delta B_r/B_r\ \Delta T)$ 100% = —0,2%/°C.

In der vorliegenden Arbeit werden aus der Betrachtung der Wechselwirkungsfolge der fünf kristallographisch unterscheidbaren Untergitter Möglichkeiten zur Änderung des Temperaturganges der Sättigungsmagnetisierung abgeleitet. Die Ergebnisse dieser theoretischen Überlegungen werden experimentell geprüft. Aus den experimentellen Befunden lassen sich Hinweise für die weitere Verbesserung des Temperaturkoeffizienten der Magnetisierung ableiten.

## Das Kristallgitter der hartmagnetischen Ferrite und das magnetische Moment bei 0 °K

Das Gitter des $BaO \cdot 6\,Fe_2O_3$ ist in Abb. 1 schematisch dargestellt. Es besteht aus kubisch und hexagonal dichtest gepackten Sauerstoffionen; in jeder fünften Schicht ist von vier Sauerstoffionen eines durch ein Bariumion ersetzt. Sie bildet mit den beiden darüber und den beiden darunter liegenden Schichten eine hexagonal dichteste Packung. In den dazwischen liegenden vier Schichten ist die Anordnung kubisch dicht und identisch mit der einer Spinellstruktur, deren (111)-Richtung parallel zur kristallographischen c-Achse, also in der Abbildung senkrecht, steht. Die Eisen(III)-Ionen befinden sich, wie die Metallionen in den Spinellen, in den Zwischenräumen der Sauerstoffionen. Hiervon gibt es in diesem Gitter fünf Arten, die sich durch jeweils andere Nachbarschaftsverhältnisse zu den umliegenden Ionen unterscheiden. Sie sind in Tabelle 1 mit der Kennzeichnung ihrer kristallographischen Stellung, ihrer Markierung nach [1] und Abb. 1 und der Anzahl, mit der sie in der Elementarzelle vorkommen, zusammengestellt.

In diesem Gitter können die Bariumionen auch durch Strontium- oder Bleiionen ersetzt werden. Die Abmessungen der Elementarzelle sind nach V. ADELSKÖLD [3]

Ba – Ferrit $a = 5{,}876$ Å, $c = 23{,}17$ Å
Sr – Ferrit $a = 5{,}864$ Å, $c = 23{,}03$ Å
Pb – Ferrit $a = 5{,}877$ Å, $c = 23{,}02$ Å.

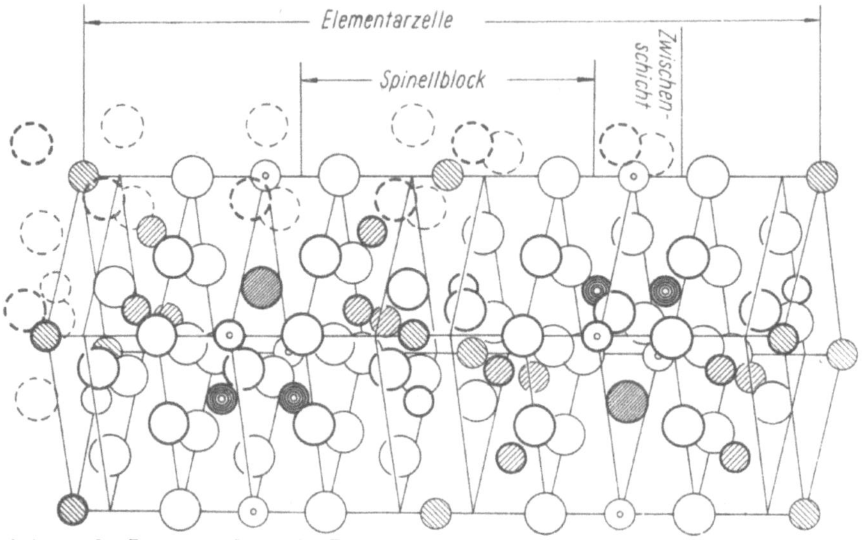


Abb. 1. Schema der Ionenanordnung im Bariumferritgitter. Die großen unschraffierten Kreise deuten Sauerstoffionen an, die großen schraffierten die Bariumionen. Die kleinen Kreise zeigen die Stellungen der Eisenionen, ihre verschiedene Kennzeichnung weist auf die Verschiedenheit ihrer kristallographischen Nachbarschaftsverhältnisse hin.
Erläuterungen dazu siehe Tabelle 1 (Entnommen aus A. L. Stuijts [2]).

Tabelle 1 *Kristallographische Festlegung der 5 Untergitter der Eisen(III)-ionen*

| Untergitter | Bezeichnung nach [1] u. nach Adelsköld [2] | Stellung in der Elementarzelle | Zahl der umgebenden Sauerstoffionen | Anzahl der Ionen je Elementarzelle |
|---|---|---|---|---|
| 1 | 2a ◓ | $000;\ 00\frac{1}{2}$ | 6 (Oktaeder) | 2 |
| 2 | 2b ⊙ | $00\frac{1}{4};\ 00\frac{3}{4}$ | 5 (Oktaeder) | 2 |
| 3 | 12k ◒ | $\frac{1}{3}\frac{1}{6}\frac{1}{2}+z_3;\quad \frac{1}{3}\frac{1}{6}1-z_3$<br>$\frac{5}{6}\frac{1}{6}\frac{1}{2}+z_3;\quad \frac{5}{6}\frac{1}{6}1-z_3$<br>$\frac{5}{6}\frac{2}{3}\frac{1}{2}+z_3;\quad \frac{5}{6}\frac{2}{3}1-z_3$<br>$\frac{1}{6}\frac{1}{3}z_3;\quad \frac{1}{6}\frac{1}{3}\frac{1}{2}-z_3$<br>$\frac{2}{3}\frac{5}{6}z_3;\quad \frac{2}{3}\frac{5}{6}\frac{1}{2}-z_3$ | 6 (Oktaeder) | 12 |
| 4 | $4f_2$ ⦶ | $\frac{2}{3}\frac{1}{3}z_2;\quad \frac{2}{3}\frac{1}{3}\frac{1}{2}-z_2$<br>$\frac{1}{3}\frac{2}{3}1-z_2;\quad \frac{1}{3}\frac{2}{3}\frac{1}{2}+z_2$ | 6 (Oktaeder) | 4 |
| 5 | $4f_1$ ○ | $\frac{2}{3}\frac{1}{3}z_1;\quad \frac{2}{3}\frac{1}{3}\frac{1}{2}-z_1$<br>$\frac{1}{3}\frac{2}{3}1-z_1;\quad \frac{1}{3}\frac{2}{3}\frac{1}{2}+z_1$ | 4 (Tetraeder) | 4 |

Die Träger des magnetischen Momentes sind in diesem Gitter die Eisen(III)-Ionen, von denen jedes fünf Bohrsche Magnetonen trägt: $m_{Fe3+} = 5\,\mu_B$. Da in der Elementarzelle 24 $Fe^{3+}$ vorhanden sind, ergäbe sich ein resultierendes Moment von 120 $\mu_B$ je Elementarzelle. Gemessen wurde jedoch für $H \to \infty$ und $T \to 0$ ([1] und neuerdings z. B. [4]) etwa 40 $\mu_B$. Die Erklärung für diesen Befund gaben bereits J. J. Went, G. W. Rathenau, E. W. Gorter und G. W. van Oosterhout [1]: Sie wandten Néels Theorie des Ferrimagnetismus zusammen mit P. W. Andersons [5] Ergebnissen über den Überaustausch („superexchange") auf das Bariumferritgitter an und gelangten zu einem resultierenden

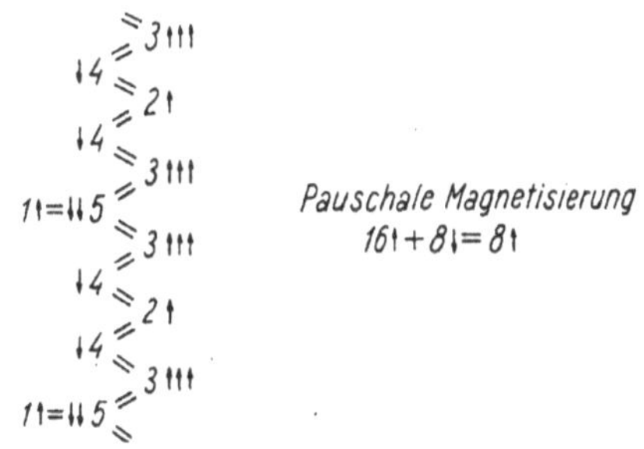


Abb. 2

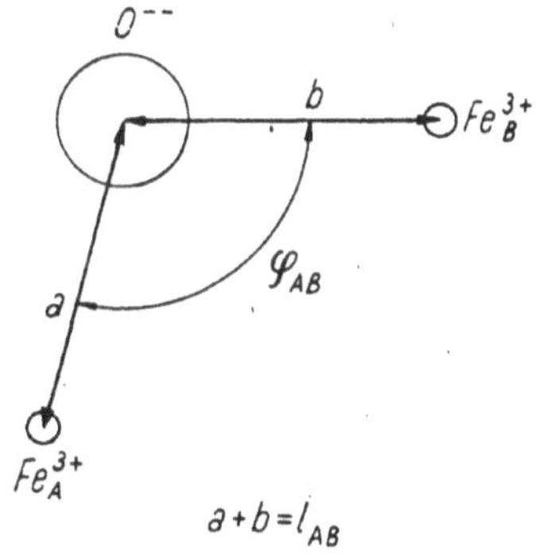


Abb. 3

Abb. 2. Schema der Magnetisierung der Untergitter und ihrer Wechselwirkungen entsprechend den Andeutungen von J. J. Went, G. W. Rathenau, E. W. Gorter und G. W. van Oosterhout [1]. Jeder Pfeil symbolisiert das magnetische Moment eines Eisen(III)-Ions (5 $\mu_B$). Dargestellt ist eine Elementarzelle

Abb. 3. Wechselwirkungswinkel $\varphi$ und Wechselwirkungsentfernung $l$ bei Überaustausch

magnetischen Moment von 40 $\mu_B$ je Elementarzelle. Dabei deuteten sie einen Wechselwirkungsmechanismus der verschiedenen Untergitter miteinander an, der sich, wie in Abb. 2 gekennzeichnet, darstellen läßt, wenn man ihn unter Beachtung der räumlichen Stellung der Ionen der einzelnen Untergitter in der Elementarzelle und der Bedingung, daß die Anordnung beliebig oft mit stets parallel liegendem resultierenden Moment aneinandersetzbar sein muß, vollständig durchführt.

Die Theorie P. W. Andersons [5] liefert über die Winkel- und Entfernungsabhängigkeit des Betrages der Überaustauschkopplung nur qualitative Aussagen. Theoretisch begründete quantitative Aussagen über diesen Zusammenhang sind bisher nicht bekannt. Hierauf weist E. W. Gorter [6] bei der Besprechung eines empirischen Ansatzes von R. S. Weisz [7], der in einigen Fällen Übereinstimmung mit experimentellen Werten bis auf 20% ergeben hatte, besonders hin. Um jedoch überhaupt einen Eindruck von den verschiedenen im Bariumferritgitter möglichen Wechselwirkungen zu gewinnen, wurden in Tabelle 2 die Wechselwirkungsentfernungen $l$ und die Wechselwirkungswinkel $\varphi$ zusammengestellt. Dabei ist $l$ die Summe der Abstände ($Fe^{3+}$—$O^{--}$) + ($O^{--}$ — $Fe^{3+}$) und $\varphi$ der Winkel $Fe^{3+}$ — $O^{--}$ — $Fe^{3+}$ (vgl. Abb. 3).

## Die Temperaturabhängigkeit der Sättigungsmagnetisierung und der Remanenz

Bereits in der ersten Veröffentlichung über Bariumferrit [1] wiesen die Verfasser auf den ungewöhnlichen Verlauf der Sättigungsmagnetisierungs-Temperatur-Kurve hin. Wie in Abb. 4 zu erkennen, fällt sie fast linear mit steigender Temperatur, zeigt also keineswegs das Verhalten einer Langevin-Kurve. Zwar sind nach der Néelschen Theorie des Ferrimagnetismus, die die zwei Untergitter in Wechselwirkung miteinander betrachtet, durchaus $J(T)$-Kurven möglich, die von dem bei Ferromagnetika üblichen Verlauf abweichen, doch zeigen auch sie nicht die am Ba-Ferrit gefundene Gestalt [6].

Zur Deutung dieses eigenartigen Verhaltens könnte vermutet werden, daß ein oder evtl. mehrere der vorhandenen Untergitter einen Seitenarm der Wechselwirkungskette bilden, der gegebenenfalls bereits bei einer tieferen als der CURIEtemperatur von den übrigen

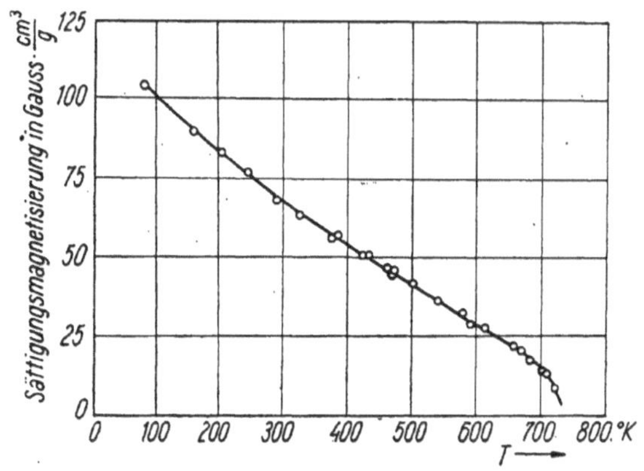


Abb. 4. Die Sättigungsmagnetisierung von Bariumferrit als Funktion der Temperatur (Nach E. W. GORTER [6].)

Tabelle 2

*Zusammenstellung der Wechselwirkungswinkel φ und der Wechselwirkungsabstände l (in Å) für die im Magnetoplumbitgitter betätigten Wechselwirkungen*

| | 1 | 2 | 3 | 4 | 5 |
|---|---|---|---|---|---|
| 1 | — | — | — | — | 129°<br>3,82 |
| 2 | — | — | 119°<br>4,267 | 137°<br>3,955 | — |
| 3 | — | 119°<br>4,267 | — | 128°<br>3,868 | 129°<br>3,973 |
| 4 | — | 137°<br>3,955 | 128°<br>3,868 | — | — |
| 5 | 129°<br>3,82 | — | 129°<br>3,973 | —<br>— | —<br>— |

Untergittern abgekoppelt wird. Eine Betrachtung des Wechselwirkungsschemas der Abb. 2 zeigt zwar, daß es tatsächlich solch ein an die Hauptwechselwirkungskette angekoppeltes Untergitter gibt, nämlich Untergitter 1, doch zeigen die Werte der Tabelle 2, daß die 1 = 5 Wechselwirkung, mit der Untergitter 1 an die Hauptkette angeschlossen ist, gerade einen besonders kleinen Wechselwirkungsabstand bei noch recht günstigem Wechselwirkungswinkel besitzt.

Bei Betrachtung des Wechselwirkungsschemas der Abb. 2 und der in Tabelle 2 zusammengestellten Entfernungen und Winkel erkennt man, daß im Bereich der = 3 = 4 = 2 = 4 = 3 = Wechselwirkungen auch andere Kombinationen möglich sind, denn der Winkel $\varphi_{2,3}$ und der Abstand $l_{2,3}$ liegen noch in Größenbereichen, für die eine Austauschkopplung möglich erscheint, worauf auch E. W. Gorter [6] hinweist. Es ist dies die Wechselwirkungsfolge im Gebiet der Schichten zwischen den Spinellblöcken. Demnach wären auch noch zwei andere Kopplungsarten in diesem Bereich denkbar, wobei von etwaigen Abweichungen von der strengen Antiparallelstellung zweier miteinander gekoppelter magnetischer Momente durch den Einfluß eines dritten abgesehen werden soll. Sie sind in den Abb. 5 und 6 dargestellt.

Ergab das in Abb. 2 dargestellte Kopplungsschema ein resultierendes Moment von 8 Ionenmomenten je Elementarzelle, so liefert das der Abb. 5 4 und das der Abb. 6 12 Ionenmomente je Elementarzelle.

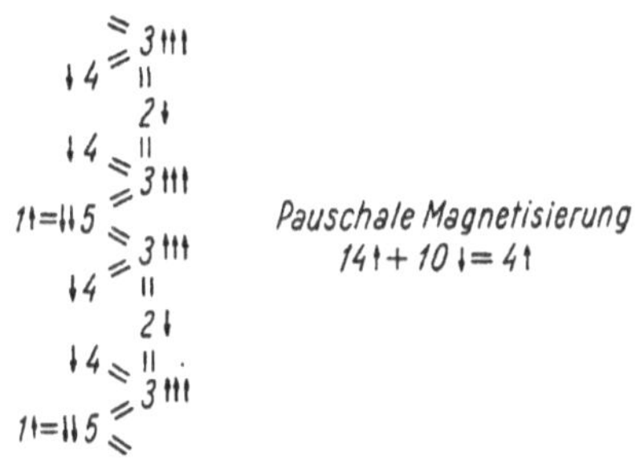


Abb. 5. Schema der Anordnung der Untergitter bei Ausfall der Wechselwirkung über Untergitter 4 (4 = 2 weggefallen, 4 an 3 angekoppelt)

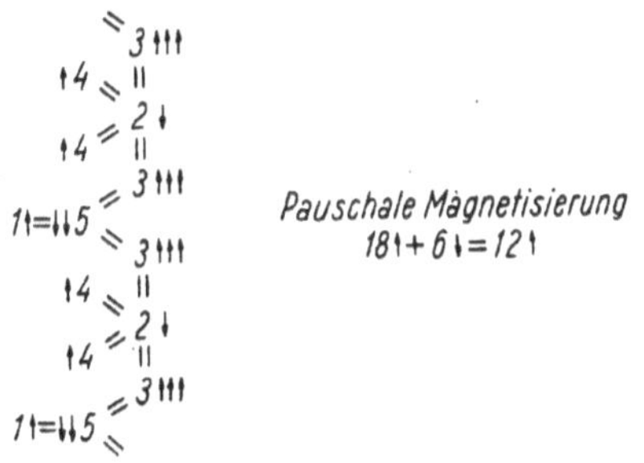


Abb. 6. Schema der Kopplung der Untergitter bei Wegfall der 4 = 3 Wechselwirkung. Untergitter 4 ist an 2 angekoppelt

Die Messungen liefern für $T \to 0$ °K, wie bereits erwähnt, 8 Ionenmomente je Elementarzelle, bestätigen also bei genügend tiefen Temperaturen das Schema der Abb. 2. Zum Verständnis des gefundenen $J(T)$-Verlaufes könnte auch ein Übergang von diesem Zustand zu dem der Abb. 5 (oder 6) mit steigender Temperatur angenommen werden. Eine Verzerrung der die Wechselwirkungen beeinflussenden kristallographischen Winkel und Entfernungen durch eine im hexagonalen Gitter zu erwartende Anisotropie der thermischen Dehnung scheidet als Ursache dafür aber sicherlich aus, da die möglichen Änderungen der geometrischen Verhältnisse selbst bei extremen Annahmen über die Größe der Dehnungsanisotropie auf die in Tabelle 2 gegebenen Winkel und Entfernungen wenig Einfluß haben.

## Eine mögliche Änderung der $J(T)$-Kurve

Falls die Vermutung zutrifft, daß die Wechselwirkungen im Bereich der Zwischenschichten, also in der Nähe der Ba-Ionen, für den anomalen Verlauf der $J(T)$-Kurven dieses Materials verantwortlich sind, müßte sich der Verlauf dieses Zusammenhanges ändern lassen, wenn es gelingt, eine der drei rivalisierenden Wechselwirkungen ganz auszuschließen. In diesem Falle wäre dann die Wechselwirkungskette völlig eindeutig und für die Temperaturabhängigkeit der Sättigungsmagnetisierung ein Verlauf ähnlich einer Langevin- oder Néel-Kurve zu erwarten.

Die Unterdrückung der einen überzähligen Wechselwirkung kann in der Tat erreicht werden, wenn es gelingt, auf die Gitterplätze des Untergitters 4 unmagnetische Ionen zu bringen. In Abb. 6 würde dann die $4 = 2$ Wechselwirkung entfallen und natürlich auch die (nicht gezeichnete) $4 = 3$ Wechselwirkung. Die pauschale Magnetisierung bei $T = 0$ °K wäre dann $14\uparrow + 6\downarrow = 8\uparrow$, also die gleiche wie bei dem in Abb. 2 dargestellten Fall. Da jedoch die dann für die Kopplung der Spinellblöcke betätigte $2 = 3$ Wechselwirkung ungünstigere Winkel- und Abstandsverhältnisse aufweist, könnten die resultierenden magnetischen Momente der Spinellblöcke durch die Wärmebewegung leichter entkoppelt werden, weshalb mit einer niedrigeren Curietemperatur dieser Anordnung zu rechnen ist. Trotzdem kann bei einem Verlauf der $J(T)$-Kurve in Gestalt einer Langevinfunktion im Bereich der Zimmertemperatur eine gleich große oder höhere Sättigungsmagnetisierung entstehen.

Gelingt jedoch nur der Ersatz je eines der beiden Ionen des Untergitters 4 in jeder Zwischenschicht (s. unten), also je Elementarzelle zwei, so würde dies bei der Konfiguration der Abb. 5 eine Magnetisierung von 6 Ionenmomenten je Zelle ergeben, bei der der Abb. 6 würden es 10 sein.

Ein Ersatz der Ionen des Untergitters 2 durch unmagnetische Ionen kann nicht zum Ziele führen, da eine Kopplung $4 = 4$ nicht möglich ist. Die Kopplung der Spinell-Blöcke untereinander würde aufgehoben werden, wie es am $K_2O \cdot 11\ Fe_2O_3$ verwirklicht ist [1]. Dieses Beispiel zeigt übrigens, daß der von E. F. BERTAUT, A. DESCHAMPS, R. PAUTHENET und S. PICKART [8] gefundene stetige und nahezu lineare Abfall der CURIEtemperatur mit steigendem Fremdiongehalt bis $x = 4$ (in $BaO \cdot (6 - x)\ Fe_2O_3 \cdot x\ M_2O_3$ mit $M = Ga$, Cr oder Al) nur dann auftreten kann, wenn die Fremdionen durch Zufall auf möglichst mehrere Untergitter verteilt sind. Bei Substitution der Ionen des Untergitters 2 durch unmagnetische Ionen würde bereits bei $x = 1$ die Kopplung der magnetischen Momente der Spinellblöcke aufgehoben werden.

Bei dem Ersatz der Eisen(III)-Ionen des Untergitters 4 durch unmagnetische Ionen muß beachtet werden, daß dieses Untergitter aus Oktaederplätzen besteht. Doch auch die Untergitter 1 und 3 bestehen aus Oktaederplätzen, wie Tabelle 1 angibt. In der Elementarzelle stehen neben den vier Oktaederplätzen des Untergitters 4 demnach noch 14 andere zur Verfügung. Von diesen insgesamt 18 Oktaederplätzen sind sogar die des Untergitters 4 – für Ionen höheren Ionisierungszustandes jedenfalls – energetisch ungünstiger, da je zwei der sie umgebenden Oktaeder eine Fläche gemeinsam haben [4] (Regel von PAULING). Würde man dem Ausgangsoxydgemisch das Oxyd (oder Karbonat) eines geeigneten Ions mit starker Bevorzugung für oktaedrische Koordination einfach zufügen, so wäre es wenig wahrscheinlich, daß diese Ionen auf die Plätze des Untergitters 4 gelangen würden. F. BERTAUT, A. DESCHAMPS und R. PAUTHENET [4] haben das durch Röntgenintensivitätsmessungen an Präparaten nachweisen können, deren Eisen(III)-Ionen bis zu 50% durch Aluminium-, Gallium- und Chromionen substituiert waren.

Das Untergitter 4 ist von den beiden anderen Untergittern mit Oktaederplätzen noch dadurch unterschieden, daß seine Ionen sich in unmittelbarer Nähe der die Bariumionen enthaltenden Zwischenschicht befinden. In der Schicht liegen drei Sauerstoffionen und das Bariumion, dicht oberhalb und unterhalb die beiden Ionen des Untergitters 4 (Abb. 1). Gelingt es nun, ein genügend unmagnetisches Ion zu finden, das in einer Barium-Sauerstoffverbindung vorkommt, die so stabil ist, daß sie beim Aufbau des Bariumferritgitters zunächst als ganze Baugruppe eintritt, insbesondere also nicht schon bei Temperaturen dissoziiert, die niedriger als die Bildungstemperatur des Bariumferrites liegen, und bevorzugt dieses Ion Oktaederkoordination, so besteht die Aussicht, daß es die nächstgelegene Oktaederstelle einnimmt und damit eben eine Stelle des Untergitters 4.

Eine geeignete Verbindung der Gestalt $BaM_2O_3$, worin M ein hinreichend unmagnetisches Ion passenden Durchmessers und oben geschilderter Koordinationseigenschaften sein müßte, das auch in der Lage wäre, vom zweiwertigen in den dreiwertigen Zustand überzugehen, konnte bisher nicht gefunden werden.

Doch fand sich eine Verbindung mit einem vierwertigen Ion, welche die gewünschten Eigenschaften zu haben scheint: $BaTiO_3$. Das Titan kann von dem vier- in den dreiwertigen Zustand übergehen, es hat dreiwertig ein ungepaartes 3 d-Elektron, also ein magnetisches Moment von einem Bohrschen Magneton, und bei günstigen Abmessungen eine starke

Bevorzugung für Oktaederkoordination. Die Verbindung $BaTiO_3$ wird selbst auf keramischem Wege bei Temperaturen im Bereich der Bildungstemperaturen des Bariumferrits hergestellt; sie bleibt also wahrscheinlich bis zu diesen Temperaturen erhalten.

## Experimentelle Befunde

Zur Nachprüfung der geschilderten Überlegungen wurden Mischungen aus Bariumtitanat und Eisen(III)-oxyd im Verhältnis $BaTiO_3 \cdot 5\, Fe_2O_3$ hergestellt und in der üblichen Weise zu Oxydmagneten verarbeitet. Zur Vorsinterung wurde das Material 3 Stunden bei 1000 °C gehalten, die Schlußsinterung erfolgte 30 Minuten lang bei 1100 °C. Alle Glühungen wurden in Luft durchgeführt.

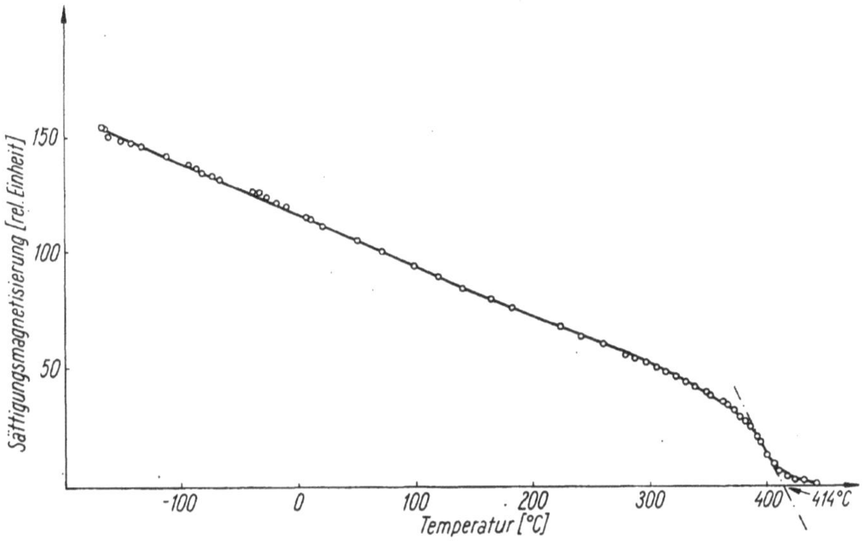


Abb. 7. Der Temperaturverlauf der Sättigungsmagnetisierung von $BaTiO_3 \cdot 5\, Fe_2O_3$

Röntgenfeinstrukturuntersuchungen zeigten, daß die erhaltenen Proben die Magnetoplumbitstruktur hatten. Die Messungen der Temperaturabhängigkeit der Sättigungsmagnetisierung an den titanhaltigen Proben und an einer titanfreien ergaben den in Abb. 7 und 8 dargestellten Verlauf: Der $4\,\pi\, J_s(T)$-Verlauf der titanhaltigen Probe ist gegenüber dem in Abb. 8 gezeigten in seinem grundsätzlichen Zusammenhang nicht verändert, lediglich die Curietemperatur liegt etwa 50° niedriger.

Dies stimmt gerade mit den Befunden von E. F. Bertaut, A. Deschamps, R. Pauthenet und S. Pickart [8] über den Einfluß von Fremdionenzusätzen auf die Curie-Temperatur für $x = 0{,}5$ überein. Von diesen Befunden war oben gezeigt worden, daß sie auf das Vorliegen einer zufälligen Verteilung der eingeführten Fremdionen auf die in Frage kommenden Gitterplätze hindeuten. Daraus war zu schließen, daß das Bariumtitanat doch nicht als ganze Baugruppe in den Ferrit eingetreten war.

Unter Anlehnung an die Erfahrungen über die Steigerungen der Reaktionsfähigkeit bei der Bildung von Bariumferrit durch Zusätze von Kalziumsilikat, die von H. G. Müller und G. Heimke [9] beschrieben worden sind, wurden die Versuche mit einem Ansatz von $BaTiO_3 \cdot 5\, Fe_2O_3$ und 0,8 Gew.-% Kieselsäure, zugesetzt als Kalziumsilikat, wiederholt.

Auch hier zeigten Röntgenuntersuchungen das Vorliegen der Magnetoplumbitstrukturphase. Die Messung der Temperaturabhängigkeit der Sättigungsmagnetisierung ergab den in Abb. 9 dargestellten Verlauf: Die Curietemperatur ist um etwa 80° niedriger als beim reinen Bariumferrit (Abb. 8), also um etwa 30° niedriger als für den Fall der rein zufälligen Verteilung der Titanionen auf die für sie möglichen Gitterplätze. Darüber hinaus ist der Kurvenverlauf unterhalb von 0 °C grundsätzlich verändert.

An der gleichen Probe wurde auch die Remanenz in Abhängigkeit von der Temperatur gemessen. Die Ergebnisse sind in Abb. 10 wiedergegeben. Diese Messungen erfolgten im

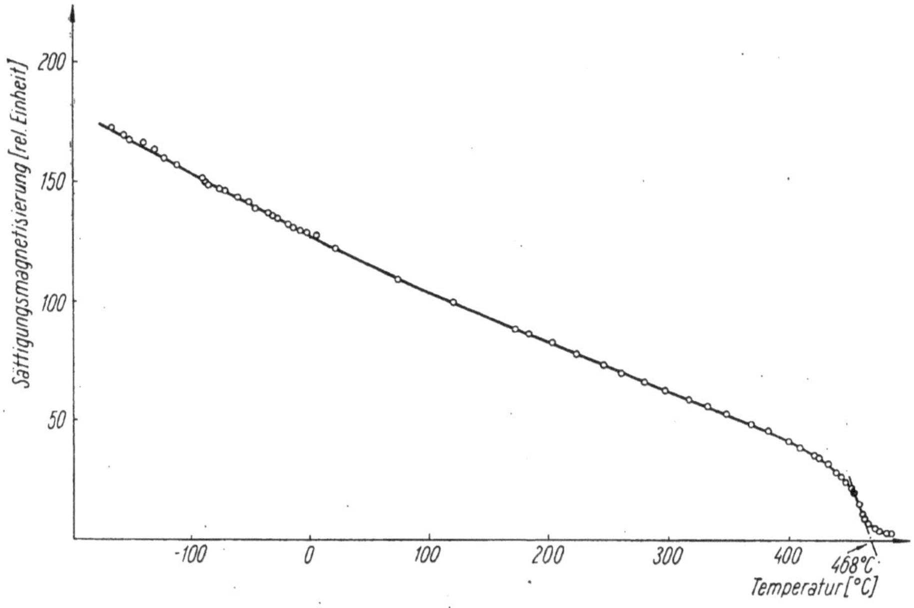


Abb. 8. Der Temperaturverlauf der Sättigungsmagnetisierung von $BaO \cdot 6\,Fe_2O_3$

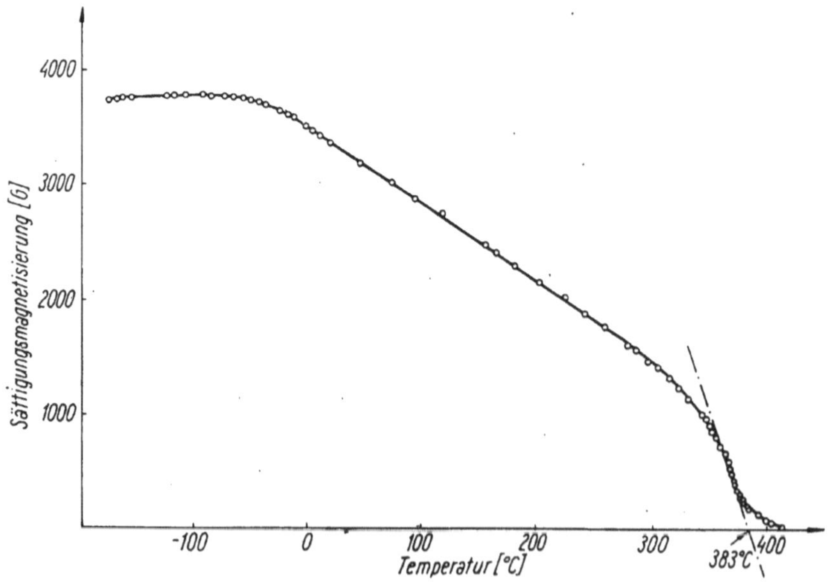


Abb. 9. Der Temperaturverlauf der Sättigungsmagnetisierung von $BaTiO_3 \cdot 5\,Fe_2O_3$ mit 0,8 Gew.% $SiO_2$, zugesetzt als $CaSiO_3$.

NEUMANNjoch, wobei sich die Probe zwischen Weicheisenpolschuhen, die den gleichen Durchmesser wie jene hatten, in einer Kammer befand, durch die flüssiger Stickstoff, Methanol verschiedener Temperatur oder Wasserdampf geleitet werden konnten. Für die Messungen bei Temperaturen oberhalb 100 °C wurde ein Ofen über die Probe und die angrenzenden Teile der Polschuhe geschoben. Die angewendete Sättigungsfeldstärke betrug 8500 Oe. Der aus Abb. 10 zu entnehmende Temperaturkoeffizient der Remanenz beträgt: $(\Delta B_r / B_r \, \Delta T)$. 100% = —0,04%/°C im Bereich von —40 °C bis +40 °C.

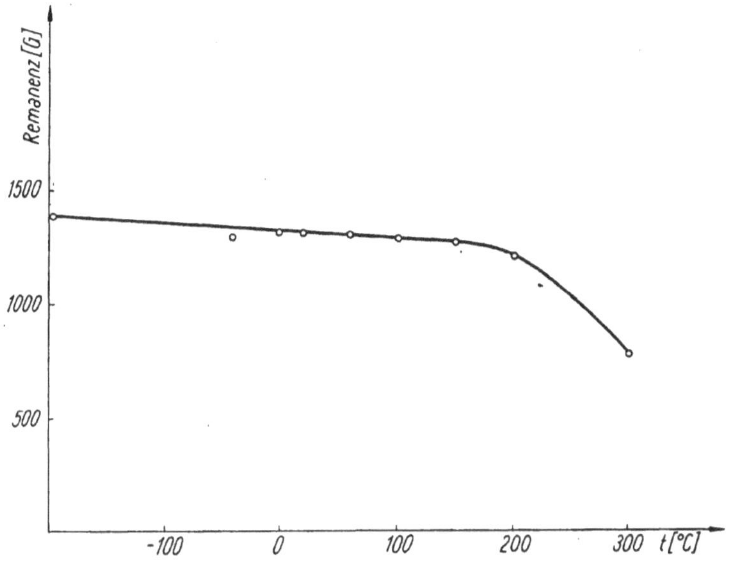


Abb. 10. Der Temperaturverlauf der Remanenz von $BaTiO_3 \cdot 5\, Fe_2O_3$ mit 0,8 Gew.% $SiO_2$, zugesetzt als $CaSiO_3$.

## Schlußbetrachtungen

Die in Abb. 9 zum Ausdruck kommenden Befunde zeigen, daß es grundsätzlich möglich ist, durch Einbau von geeigneten Ionen an bestimmten Gitterplätzen den $4\pi J_s(T)$-Verlauf des Bariumferrits zu verändern. In Verbindung mit den in den Abschnitten 3 und 4 vorgetragenen Überlegungen können sie außerdem als Bestätigung der von E. W. GORTER [6] geäußerten Vermutung angesehen werden, nach der die Ursache für den anomalen Verlauf der $4\pi J_s(T)$-Kurve des Bariumferrits in der Wechselwirkungsfolge im Bereich der das Bariumion enthaltenden Zwischenschicht zwischen den Spinellblöcken der Elementarzelle zu suchen sei.

Die bisherigen Ergebnisse gestatten noch keine Angaben über das in der Elementarzelle dieses Materials vorhandene magnetische Moment. Eine Korrektur der Meßwerte der Abb. 9 auf Röntgendichte erscheint nicht sinnvoll, da der Anteil des nicht reagierten Bariumtitanats an der Gesamtmasse nicht bekannt ist. Mit solch einem Anteil muß nach der Arbeit von H. KOJIMA [10] gerechnet werden. Für die Messung der spontanen Magnetisierung des neuen Materials ist zur Vermeidung von Meßunsicherheiten die Herstellung von Einkristallen notwendig.

Nachdem durch die geschilderten Experimente die grundsätzliche Möglichkeit der Änderung des Temperaturkoeffizienten der Sättigungsmagnetisierung eröffnet worden ist, erscheint es lohnend, die Suche nach einer Verbindung der Zusammensetzung $XM_2O_3$ mit X = Ba, Sr oder Pb fortzusetzen oder eine solche Verbindung aufzubauen, die die notwendigen Eigenschaften bezüglich der thermischen Konstanz besitzt, und in der M ein geeignetes Ion für die Substitution der Eisen(III)-Ionen des Untergitters 4 ist. Es bestände dann auch die Aussicht, den bei dem in Abb. 9 untersuchten Material noch vorhandenen geradlinigen Teil des $4\pi J_s(T)$-Zusammenhanges völlig zu beseitigen. Denn durch den Ersatz beider Ionen Eisen(III)-Ionen der Elementarzelle des Untergitters 4 in jeder Zwischenschicht durch nahezu oder vollständig unmagnetische Ionen würde die Wechselwirkungsfolge auch im Bereich dieser Schichten völlig eindeutig werden. Dies ist sie im Falle des $BaTiO_3 \cdot 5\,Fe_2O_3$ noch nicht, da das verbleibende Eisen(III)-Ion je Schicht noch entweder an Untergitter 2 oder 3 ankoppeln kann.

Beim Vergleich der Abb. 9 und 10 fällt auf, daß der nahezu parallel mit der $T$-Achse verlaufende Kurventeil sich bei der Remanenz zu viel höheren Temperaturen erstreckt als bei der magnetischen Sättigung, und daß in diesem Bereich die Remanenz kleiner ist als die halbe Sättigungsmagnetisierung. Zur Deutung dieser Diskrepanz reichen die bisherigen Kenntnisse über die magnetischen Eigenschaften des neuen Materials noch nicht aus. In Anlehnung an die durch G. Heimke [11] gezeigten Zusammenhänge zwischen der Remanenz und der kritischen Teilchengröße $d$ (Teilchengröße, bei der die Streufeldenergie des Einbereichsteilchens in erster Näherung gleich der Summe aus Wand- und Streufeldenergie des Zweibereichsteilchens ist) wird vermutet, daß der Einbau der Titanionen im Bereich der bariumhaltigen Zwischenschichten eine Änderung der Temperaturabhängigkeit der Kristallanisotropieenergie $K$ und damit wegen des Zusammenhanges $d \sim \sqrt{K/I_s}$ auch eine Änderung der Temperaturabhängigkeit der kritischen Teilchengröße verursacht hat. Zur Überprüfung dieser Vermutung ist die Messung der Temperaturabhängigkeit der Kristallanisotropieenergie notwendig. Diese Arbeiten empfehlen sich nicht nur wegen der zu erwartenden Aussagen über die Änderungen der magnetischen Anisotropieenergie bei Einbau von Ionen an definierten Gitterplätzen, sie sind darüber hinaus von großer praktischer Bedeutung, da der aus dem Kurvenverlauf der Abb. 10 entnommene für die Anwendung als Dauermagnetwerkstoff wichtige Temperaturkoeffizient der Remanenz um den Faktor 5 günstiger ist als bei bisherigen Oxydmagneten.

Verfasser dankt Herrn Prof. Dr. H. G. Müller, Dresden, für sein großes Interesse an dieser Arbeit und für seine stete Förderung und Herrn Dr. Perthel, Jena, für die Erlaubnis zur Durchführung von Messungen mit der dortigen magnetischen Waage.

## LITERATUR

[1] Went, J. J., G. W. Rathenau, E. W. Gorter, G. W. van Oosterhout, Philips Techn. Rundsch. 13, 361 (1952).
[2] Stuijts, A. L., Trans. Brit. ceram. Soc. 55, 57 (1956).
[3] Adelsköld, V., Ark. kem. Mineral. Geol. 12A, 1 (1938).
[4] Bertaut, F., A. Deschamps, R. Pauthenet, C. R. hebd. Séances Acad. Sci. (Paris) 246, 2594 (1958).
[5] Anderson, P. W., Physic. Rev. 79, 350 (1950).
[6] Gorter, E. W., Philips' Res. Rep. 9, 295, 321, 403 (1954).
[7] Weisz, R. S., Ceramic Age 59, 4, 35 (1952).
[8] Bertaut, E. F., A. Deschamps, R. Pauthenet, S. Pickart, Conference de Magnetisme Grenoble 340—344 (Juli 1958).
[9] Müller, H. G., G. Heimke, Berichte Arbeitsgemeinschaft Ferromagnetismus, Dr. Riederer Verlag, Stuttgart 1958, S. 101—104.
[10] Kojima, H., Sci. Rep. RITU A 7, 502, 507 (1955).
[11] Heimke, G., Wiss. Z. Hochsch. Verkehrswesen 7, 281 (1959/60)

Vorgetragen auf dem Kolloquium „Fragen der Physik und Chemie der Ferrite“ am 1. und 2. März 1960, Berlin.

*Aus dem Physikalischen Institut der Hochschule für Verkehrswesen Dresden, Dresden*

# Zur Frage der Zusammensetzung und Rohstoffauswahl von oxydischen Dauermagneten mit Magnetoplumbitstruktur

Von H. G. MÜLLER

unter Mitarbeit von G. HEIMKE, F. HENNEBERGER u. K. KRAHL

*Zusammenfassung.* Die oxydischen Dauermagnetwerkstoffe mit Magnetoplumbitstruktur der Zusammensetzung $MO \cdot 6\,Fe_2O_3$, wobei M = Barium, Strontium und Blei oder auch Calcium sein kann, werden auf ihre magnetischen Eigenschaften untersucht. Bariumferrit erweist sich als der wirtschaftlichste Werkstoff.

Nach Besprechung der bisher bekanntgewordenen Versuche zur Beeinflussung der Ferritbildung und der magnetischen Eigenschaften des Bariumferrit-Dauermagnetwerkstoffes durch oxydische Beimengungen werden eigene Untersuchungen über den Einfluß von Kieselsäure- und Silikatzusätzen auf diese Eigenschaften geschildert. Insbesondere der Zusatz von Calciumsilikat ist mit einer merklichen Verbesserung der magnetischen Eigenschaften und einer Vereinfachung der Produktionsverfahren des Bariumferrites verbunden. Die Versuchsergebnisse lassen den Schluß zu, daß im Falle des Zusatzes von Calciumsilikat die Förderung der Ferritbildung auch durch Festkörperreaktionen ohne die Vermittlung flüssiger Phasen möglich ist.

Abschließend wird gezeigt, daß als Ausgangswerkstoff für die Herstellung von Bariumferrit-Dauermagneten der wohlfeile Walzensinter nach einem entsprechenden Aufbereitungsverfahren ohne Beeinträchtigung der magnetischen Eigenschaften eingesetzt werden kann. Auf die wirtschaftlichen Vorteile dieses Verfahrens wird hingewiesen.

Seit dem Jahre 1952 ist ein oxydischer Dauermagnetwerkstoff [1] mit bemerkenswerten magnetischen Eigenschaften bekannt (Tab. 1). Dieser Werkstoff besteht im wesentlichen aus der von V. ADELSKÖLD [2] aufgeklärten Magnetoplumbitstruktur, bei der zwei Moleküle $MO \cdot 6\,Fe_2O_3$ – wobei M = Ba, Sr oder Pb sein kann – in der Elementarzelle enthalten sind.

Tabelle 1

| *Eigenschaften von Bariumferrit mitgeteilt in* [1] | |
|---|---|
| Sättigungsmagnetisierung $4\pi J_s$ bei Zimmertemperatur | 4650 G |
| Remanenz $B_r$ | 2050 G |
| Magnetisierungskoerzitivkraft $_JH_c$ | 2400 Oe |
| Induktionskoerzitivkraft $_BH_c$ | 1450 Oe |
| Maximales Energieprodukt $(BH)_{max}$ | $0{,}85 \cdot 10^6$ G · Oe |
| Temperaturkoeffizient von $B_r$ | — 0,2% je °C |
| Curietemperatur $T_c$ | 450 °C |
| Dichte | 4,8 g/cm³ |
| Röntgendichte | 5,3 g/cm³ |
| Konstante der Kristallanisotropie $K$ | $3 \cdot 10^6$ erg/cm³ |

Im Gegensatz zu den metallischen Dauermagnetwerkstoffen benötigt dieses Material nur verhältnismäßig wohlfeile Ausgangsstoffe, und es zeigte sich, daß diese Rohstoffe auch nicht in den Reinheitsgraden benötigt werden wie bei den vergleichbaren metallischen Magnetwerkstoffen.

Dieser oxydische Permanentmagnetwerkstoff fand daher schnell Eingang in die industrielle Großproduktion und verdrängte die metallischen Dauermagnete aus vielen Anwendungsgebieten teilweise oder ganz. Dieses Vordringen des Oxydmagneten erhielt dadurch noch besondere Förderung, daß es G. W. Rathenau, J. Smit und A. L. Stuijts [3] unter Anwendung des von Ch. Guillaud [4] für die Herstellung von Mangan-Wismut-Magneten vorgeschlagenen Verfahrens der Ausrichtung der Kristallite des Materials durch ein Magnetfeld und anschließendes Fixieren der so hergestellten magnetischen Anisotropie gelang, aus diesem Werkstoff Magnete mit einem maximalen Energieprodukt von $3 \times 10^6$ G $\times$ Oe herzustellen.

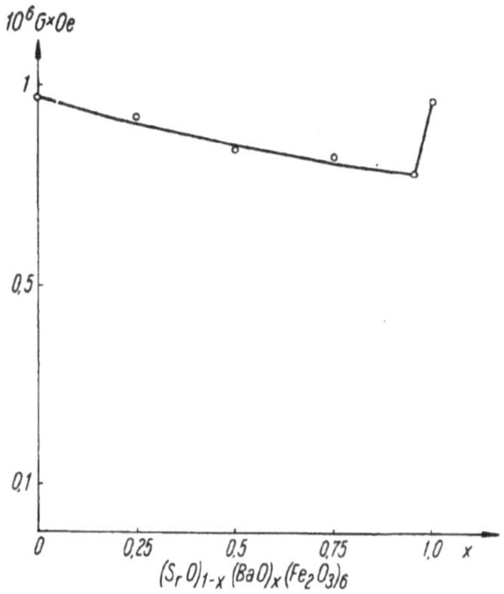


Abb. 1. Ba–Sr-Mischferrite. $(BH)_{max}$-Werte in Abhängigkeit von der Zusammensetzung

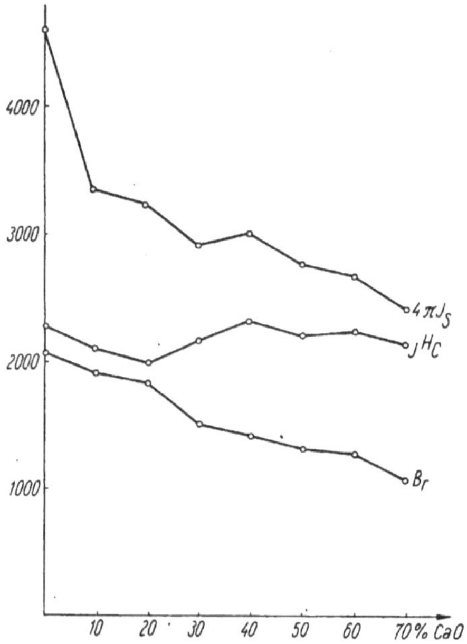


Abb. 2. $4\pi J_s$, $B_r$ und $_JH_C$— als Funktion des CaO-Gehaltes. [Schlußsinterung bei 1150 °C]

Um jedoch gleichmäßig hohe Werte der magnetischen Güte bei wechselnden Probengrößen und bei Ausgangsmaterialien verschiedener Vorgeschichte zu erzielen, müssen trotz der verhältnismäßigen Unempfindlichkeit gegen Verunreinigungen der Rohstoffe einige Materialeigenschaften besonders beachtet werden. Von den drei möglichen Schwermetallen, die in die Magnetoplumbitstruktur eingehen können, hat sich das Barium als das Wirtschaftlichste erwiesen. Ersetzt man Bariumoxyd schrittweise durch Strontiumoxyd, so findet man bei Konstanthaltung aller übrigen die magnetischen Werte beeinflussenden Parameter nur geringe Änderungen über den ganzen Zusammensetzungsbereich (Abb. 1).

Die Schwermetallionen lassen sich auch bis zu 70% durch Calciumionen ersetzen, ohne daß die Magnetoplumbitstruktur verloren geht. Leider läßt sich dieser Effekt wirtschaftlich nicht nutzbar machen, da, wie in umfangreichen Untersuchungen des Physikalischen Institutes der Hochschule für Verkehrswesen im Rahmen der mit dem VEB Karamische Werke Hermsdorf abgeschlossenen Vertragsforschung festgestellt wurde, die Sättigungsmagnetisierung und Remanenz mit steigendem Gehalt an Calcium abnehmen (Abb. 2).

Darüber hinaus wurde von F. Pawlek [5] und Mitarbeitern gezeigt, daß man das Barium ganz oder teilweise durch Blei ersetzen kann. Die von F. Pawlek veröffentlichten magnetischen Eigenschaften kommen denen am Bariumferritmagneten mindestens gleich.

Trotzdem empfiehlt es sich für die industrielle Produktion nicht, zu den Bleiferriten überzugehen, da die Dichte in unerwünschter Weise zunimmt, die Wirtschaftlichkeit abnimmt und bei der Herstellung besondere Vorsichtsmaßnahmen zur Verhinderung von Gesundheitsschäden der Werktätigen notwendig sind.

Bei der Herstellung von Bariumferritmagneten werden meist Bariumcarbonat und Eisen(III)-oxyd-Pulver hinreichender Kornfeinheit in einem geeigneten Verhältnis gemischt und für ca. $^1/_2$ Stunde bis mehrere Stunden bei Temperaturen von 900 bis 1300 °C geglüht. Das dabei erhaltene grobkörnige Material wird gemahlen, unter Zusatz eines Bindemittels bei Drucken von etwa 1 MP/cm$^2$ in die gewünschte Form unter Berücksichtigung einer gewissen Schwindung gepreßt und bei Temperaturen von 1100 bis 1300 °C schlußgesintert.

Der Erfolg der Vorsinterung insgesamt sowie die zur Erreichung einer gewissen Stufe der Verbindungsbildung notwendige Temperatur und die Dauer, während der sie einwirken muß, hängen stark von der Vorgeschichte der Ausgangsstoffe, besonders des benutzten Eisenoxydes, ab, was nach lange bekannten Befunden z. B. von J. A. Hedvall [6] über die Reaktionsfähigkeit der verschiedenen Partner von Festkörperreaktionen zu erwarten war. Hat jedoch die Vorsinterung einen bereits genügend ausgebildeten Ferrit ergeben, und war die Mahlung intensiv genug, d. h. sind nahezu alle Pulverteilchen so klein, daß sie nurmehr aus einem einzigen Weissschen Bezirk bestehen, dann hängen die magnetischen Eigenschaften des fertigen Magneten im wesentlichen nur noch von der Dauer der Schlußsinterung und der Höhe der dabei eingestellten Temperatur ab.

Bei diesem Herstellungsvorgang sollen die Pulverteilchen möglichst nicht über die Abmessungen hinaus wachsen, bei denen im Bereich der Zimmertemperatur noch keine Blochwände gebildet werden können, damit Ummagnetisierungen durch Wandverschiebungen ausgeschlossen bleiben. Wegen der großen magnetischen einachsigen Kristallanisotropieenergie (s. Tab. 1) sind für gute permanentmagnetische Eigenschaften ausschließlich Drehungen der Magnetisierungsvektoren als Ummagnetisierungsvorgang anzustreben (hierzu z. B. H. G. Müller [7]). Da die Sättigungsmagnetisierung als magnetisches Moment der Volumeneinheit natürlich mit der im gegebenen Volumen anwesenden Menge der magnetisch wirksamen Phase ansteigt, sollen jedoch bei der Schlußsinterung noch die Ferritbildung vervollständigt und die Dichte erhöht werden.

Diese beiden Forderungen des unterdrückten Kristallwachstums und der hohen Dichte lassen sich bei den oben genannten Ausgangsstoffen, wenn sie hinreichend rein vorliegen und das stöchiometrische Verhältnis von $BaO:Fe_2O_3 = 1:6$ eingehalten wird, nicht gleichzeitig erfüllen, jedenfalls nicht in technisch befriedigender Weise. Labormäßig kann man, wie A. L. Stuijts [8] schildert, in sehr kurzer Zeit auf die Schlußsintertemperatur hochheizen, die dann höher als bei einer üblichen Sinterung liegen kann, beläßt den Sinterkörper dort nur kurze Zeit und kühlt dann schnell wieder ab. Ein so steiler Verlauf der Temperatur-Zeit-Kurve ergibt jedoch ein sehr sprödes und brüchiges Material, das technisch nicht befriedigt. Behandelt man das Material so, daß es auch mechanisch den üblichen Anforderungen genügt, gestaltet also den Temperatur-Zeit-Verlauf flacher, dann läßt sich zwar mit einer niedrigeren Maximaltemperatur die etwa gleiche Stufe der Ferritbildung und Dichte erreichen wie bei der oben beschriebenen Versuchsführung, doch wachsen dabei die Teilchen auf überkritische Größe, wodurch die Koerzitivkraft schnell abnimmt. Man ist also zu einem Kompromiß zwischen Dichte und Sättigungsmagnetisierung einerseits und Kornwachstum und Koerzitivkraft andererseits gezwungen. Zu diesen beiden Bedingungen tritt bei der Produktion in technischen Mengen und Maßstäben noch die weitere, daß große Öfen benutzt und Körper größerer Masse hergestellt werden müssen, die einfach wegen ihrer großen Wärmekapazität eine sehr flache Temperatur-Zeit-Kurve erzwingen.

### Möglichkeiten zur Beeinflussung der magnetischen Eigenschaften und der Herstellungsbedingungen durch oxydische Zuschläge

Die eingangs erwähnte Unempfindlichkeit der erwünschten magnetischen Eigenschaften der oxydkeramischen Dauermagnetwerkstoffe gegen Verunreinigungen kann nun ausgenützt werden, um durch Zusatz geeigneter Fremdoxyde eine Verbesserung der Ferritbildung bei der Vorsinterung zu erreichen und um günstigere Bedingungen für den oben genannten Kompromiß zwischen Sättigungsmagnetisierung und Koerzitivkraft bei der Schlußsinterung zu gewinnen.

In diesem Zusammenhang müssen zunächst Abweichungen vom stöchiometrischen Verhältnis betrachtet werden. A. L. Stuijts [8] beschäftigt sich mit der von den Herstellerbetrieben weitgehend ausgenutzten Erfahrung, daß ein vom Verhältnis $BaO:Fe_2O_3 = 1:6$ abweichender Versatz, insbesondere nach kleineren Eisenoxydgehalten hin, günstigere Sintereigenschaften bringt (Abb. 3). Das bei einem Molverhältnis $Fe_2O_3:BaO = 5{,}9$ erheblich stärkere Zusammensintern des Materials wird darauf zurückgeführt, daß im hexagonal dichtest gepackten Sauerstoffgitter $Fe^{+++}$ und $O^{---}$ Fehlstellen auftreten, über die dann eine Diffusion möglich ist, während das ungestörte Gitter wegen seiner hohen Stabilität sehr diffusionsträge sei. Daß dabei trotzdem die Kristallitgröße beschränkt bleibt, wird so gedeutet: Kleine Teilchen einer sich bildenden zweiten Phase, vermutlich $BaO \cdot Fe_2O_3$, würden als Folge der zwischen ihnen und den Korngrenzen der $BaO \cdot 6\,Fe_2O_3$ Kristallite auftretenden anziehenden Kräfte deren Kristallwachstum behindern. Erst bei Annäherung an den Schmelzpunkt würde die zweite Phase aufgelöst und durch Zusammenlagerung würden extrem große Kristallite gebildet. Diese Erscheinung wird nach P. A. Beck [9] „unstetiges" Kristallwachstum genannt im Gegensatz zum „stetigen" beim Einphasensystem. Das erheblich stärkere Zusammensintern des Materials überkompen-

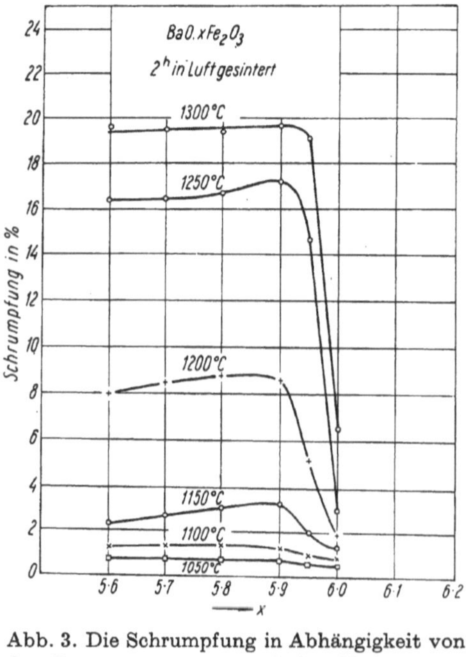


Abb. 3. Die Schrumpfung in Abhängigkeit von der Zusammensetzung und der Sintertemperatur. (Nach S. L. Stuijts)

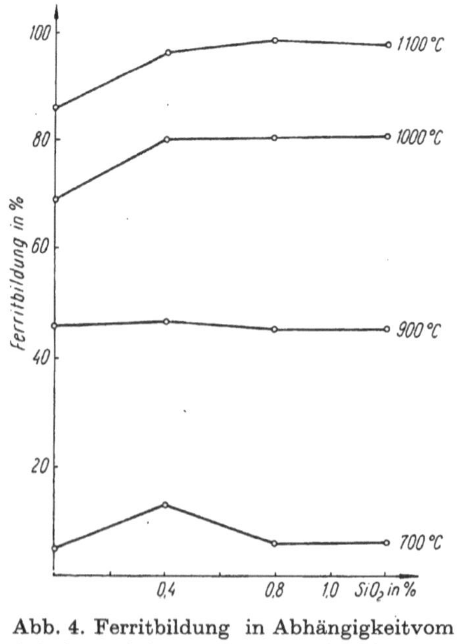


Abb. 4. Ferritbildung in Abhängigkeit vom Gehalt an $SiO_2$ (zugesetzt als $CaSiO_3$) nach zweistündigem Glühen bei den als Parameter angegebenen Temperaturen

siert dabei die Auswirkungen der dann anwesenden unmagnetischen Phase auf das magnetische Moment in der Volumeneinheit, während die Koerzitivkraft wegen des bei den in Praxis benützten Temperaturen behinderten Kristallwachstums genügend hoch bleibt.

Von verschiedenen Forschern [10—16] wurden zum Teil umfangreiche Untersuchungen über die Auswirkungen von Oxydzusätzen in kleineren Mengen angestellt. Dabei wurden im wesentlichen solche Zusätze untersucht, die aus der keramischen Industrie als sogenanntes Flußmittel bekannt sind. Es wurden dabei im allgemeinen ungünstige Einflüsse dieser Zusätze auf die magnetischen Eigenschaften gefunden, lediglich bei Anwendung der verhältnismäßig teueren Oxyde des Wismuts und des Wolframs waren die günstigen Auswirkungen überwiegend. In Zusammenarbeit mit dem Herstellerbetrieb der Oxydmagnete, den Keramischen Werken Hermsdorf, dem Elektrochemischen Kombinat Bitterfeld als erfahrenem Rohstoffproduzenten und dem Physikalischen Institut der Hochschule für Verkehrswesen wurde der Einfluß von Kieselsäurezusätzen auf die magnetischen und technologischen Eigenschaften von Bariumferritmagneten untersucht.

Bei diesen Untersuchungen hat sich ein von F. Henneberger [17] ausgearbeiteter chemischer Test über die Verbindungsbildung zwischen Bariumoxyd und Eisenoxyd zur Verfolgung des Reaktionsablaufes außerordentlich bewährt. Bei diesem Test wird von der Tatsache Gebrauch gemacht, daß freies Bariumoxyd sowohl als auch Bariumcarbonat quantitativ essigsäurelöslich sind, während an Eisenoxyd gebundenes Barium von Essigsäure nicht mehr angegriffen wird. Diese Prüfmethode gestattet es, nach der Vorsinterung die „Ferritbildung" zu prüfen. Sie wird in Prozent angegeben, da das insgesamt im Material vorhandene Barium zu dem essigsäureunlöslichen Teil ins Verhältnis gesetzt wird. Es muß betont werden, daß „Ferritbildung" in diesem Zusammenhang nicht mit der Bildung der Phase $BaO \cdot 6\,Fe_2O_3$ identisch zu sein braucht. In Abb. 4 ist diese Ferritbildung, ermittelt nach der Vorsinterung, über dem Kieselsäuregehalt in Gew.-% aufgetragen, wobei als Parameter die Temperatur der Vorsinterung angegeben ist. Die Kieselsäure wurde hier als Calciumsilikat eingeführt. Man erkennt ein Optimum der Wirksamkeit bei einem $SiO_2$-Gehalt von 0,4 bis 0,8 Gew.-%.

Tabelle 2

*Abhängigkeit der magnetischen Werte von der Dauer der Schlußsinterung. Bei Probe Nr. 11 wurde das Ba–Fe-Mischoxyd gemeinsam mit der Kieselsäure aus der wässrigen Lösung gefällt, der $SiO_2$-Gehalt war 1,5 Gew.-%, die Vorsinterung wurde bei 1050 °C durchgeführt. Probe Nr. 12 hatte einen $SiO_2$-Gehalt von 0,87%, die Vorsinterung fand wieder bei 1050 °C statt*

| Probe Nr. | Sinterung | Dichte g/cm³ | $B_r$ G | $_JH_C$ Oe | $(BH)_{max}$ $10^6$G × Oe |
|---|---|---|---|---|---|
| 11a | 30 Min. bei 1200° | 5,0 | 2160 | 2610 | 0,83 |
| 11b | 3 Std. bei 1170° | 5,0 | 2180 | 2590 | 0,81 |
| 12a | 30 Min. bei 1200° | 4,8 | 2380 | 3100 | 0,99 |
| 12b | 3 Std. bei 1170° | 4,9 | 2260 | 3000 | 0,95 |

Durch geeignete Wahl der Form der Zusätze und ihrer Menge konnten wesentliche Verbesserungen der technologischen und magnetischen Eigenschaften erzielt werden. Insbesondere konnten günstigere Bedingungen für den früher erwähnten Kompromiß zwischen hoher Sättigungsmagnetisierung bzw. Remanenz einereits und hoher Koerzitivkraft andererseits geschaffen werden.

In Tabelle 2 sind Meßwerte an Proben verschiedener Schlußsinterbehandlung gegenübergestellt. Einmal erfolgte die Sinterung verhältnismäßig kurzzeitig, das andere Mal wurde eine extrem lange Schlußglühung angewendet. Die Tabelle zeigt, daß man durch geeignete Silikatzusätze eine weitgehende Unempfindlichkeit gegenüber den Bedingungen der Schlußglühung erreichen kann, z. B. kann man mit einem so aufbereiteten Material auch in Öfen mit hoher Wärmekapazität und deshalb sehr flacher Temperatur-Zeit-Kurve gute magnetische Eigenschaften erzielen. Als günstigste Form des Silikatzusatzes wurde schließlich die Zugabe als Calciumsilikat erkannt. Dieses Kalziumsilikat fällt als sogenannte Phosphorschlacke im Elektrochemischen Kombinat Bitterfeld als Abfallprodukt an. Beim Ersatz der bisher als oxydische Beimengung benutzten Wolframsäure wird daher praktisch deren Gesamtpreis eingespart.

Tabelle 3

*Dichte, Remanenz $B_r$ und Magnetisierungskoerzitivkraft $_IH_C$ von Bariumferrit mit Zusatz von $CaSiO_3$ (eingestellt auf 1 Gew.-% $SiO_2$) als Funktion der Temperatur der Schlußsinterung. Zur Vorsinterung wurde das Material 3 Stunden auf 1000 °C gehalten*

| Schlußsinterung 30 Min. bei | Dichte g/cm³ | $B_r$ G | $_JH_C$ Oe |
|---|---|---|---|
| 1120 °C | 4,6 | 2010 | 3000 |
| 1150 °C | 4,8 | 2200 | 2810 |
| 1180 °C | 4,7 | 1870 | 2920 |
| 1230 °C | 5,0 | 2130 | 2600 |

Tabelle 4

*Dichte, Remanenz $B_r$ und Magnetisierungskoerzitivkraft $_JH_C$ von Bariumferrit mit Zusatz von $CaCO_3$ und $SiO_2$ (eingestellt auf gleiche Menge $CaSiO_3$ wie bei den in Tabelle 6 genannten Proben) als Funktion der Temperatur der Schlußsinterung. Zur Vorsinterung wurde das Material 3 Stunden auf 1050 °C gehalten*

| Schlußsinterung 30 Min. bei | Dichte g/cm³ | $B_r$ G | $_JH_C$ Oe |
|---|---|---|---|
| 1120 °C | 4,6 | 2000 | 2890 |
| 1150 °C | 4,9 | 2060 | 2780 |
| 1180 °C | 5,0 | 2130 | 2240 |
| 1220 °C | 5,0 | 1360 | 350 |

Im Zuge dieser Untersuchungen wurde von G. Heimke [18] eine Anomalie der magnetischen Werte als Funktion der Temperatur der Schlußsinterung beobachtet. Bei Schlußsintertemperaturen im Bereich von 1120 bis 1300 °C steigen normalerweise Dichte und Sättigungsmagnetisierung bzw. Remanenz monoton an mit der Sintertemperatur, während die Magnetisierungskoerzitivkraft abnimmt. Tabelle 3 zeigt, daß bei Zusatz von Calciumsilikat im Bereich der Sinterung bei 1150 °C und 1180 °C gerade das umgekehrte Verhalten eintritt. Setzt man den Ausgangsmaterialien die gleichen Mengen CaO und $SiO_2$ zu, wie dem Material der Tabelle 3, jedoch als $CaCO_3$ und Quarzsand getrennt, so erhält man ein völlig normales Verhalten der oben betrachteten Abhängigkeiten (Tabelle 4). In der letztgenannten Tabelle wurden außer den Werten für die Remanenz auch die der Sättigungsmagnetisierung (gemessen bei 6500 Oe) angegeben, um zu zeigen, daß der niedrige Wert für die Remanenz der bei 1220 °C gesinterten Probe eine Folge des Wachstums eines Teiles der Kristallite auf die Größe von Mehrbezirksteilchen ist und nicht durch eine Abnahme von $4\pi J_S$ bedingt wird.

Zur Deutung dieser Befunde liegt es nahe, auf die Umwandlung des $CaSiO_3$ hinzuweisen, die gerade bei 1150 °C abläuft. Damit wäre nach der HEDVALLschen Regel in diesem Temperaturbereich das $CaSiO_3$ in einem Zustand erhöhter Aktivität, die zu Reaktionen zwischen den anwesenden Partnern führen könnte. Welche Verbindungen dabei entstehen und welche Reaktionen dabei ablaufen, konnte bisher nicht nachgewiesen werden.

Jedenfalls zeigt der Vergleich der beiden Tabellen 3 und 4, daß das Auftreten der beobachteten Anomalie an die Einführung des Calciumoxydes und der Kieselsäure als Calciumsilikat $CaSiO_3$ gebunden ist und daß demnach diese Verbindung bis 1150 °C erhalten bleibt.

Die in Abb. 4 dargestellte Steigerung der „Ferritbildung", d. h. der Bindung von BaO an $Fe_2O_3$, durch Zugabe von Kieselsäure in Form von $CaSiO_3$ muß also unter der Voraussetzung verstanden werden, daß das $CaSiO_3$ während der gesamten Vorsinterbehandlungen, deren höchste Temperatur 1100 °C betrug, als solches erhalten bleibt. Es handelt sich daher bei der Wirksamkeit des Calciumsilikatzuschlages während der Vorsinterung um eine reine Festkörperreaktion, bei der der wirksame Bestandteil eine vermittelnde Rolle zu spielen scheint. Die Ionen des $CaSiO_3$ werden also nicht in das Gitter des Bariumferrites eingebaut, jedenfalls unter 1150 °C nicht in größeren Mengen [19].

Im Zuge der weiteren Zusammenarbeit der drei genannten Stellen wurde ein neues Rohstoff-Aufbereitungsverfahren entwickelt, das es bei gleichzeitiger Anwendung der Erfahrungen über die Zusätze von Calciumsilikat erlaubt, statt der chemisch gefällten Eisenoxydrohstoffe, ein Walzwerkabfallprodukt, den sogenannten Walzensinter oder Hammerschlag, als Ausgangsmaterial für die Herstellung von oxydischen Dauermagneten nutzbar zu machen.

Dieser Walzensinter besteht zunächst aus einem Eisenoxyd mit starkem Sauerstoffunterschuß, bei dem also das Eisen überwiegend in einer niedrigeren Wertigkeitsstufe vorliegt. Durch Glühung an Luft läßt es sich in höhere Wertigkeitsstufen überführen, wobei schließlich bei extremen Glühbehandlungen im wesentlichen nur noch $Fe_2O_3$ vorliegt. Das Oxydgemisch im unbehandelten Zustand mit dem Eisen im wesentlichen im niedrigen Wertigkeitszustand sowohl als auch das extrem behandelte Produkt mit fast nur noch dreiwertigem Eisen ist für die Herstellung von Bariumoxyd-Magneten ungeeignet. Das erstgenannte wegen Mangels an Sauerstoff, der auch bei der Ferritbildung nicht mehr ersetzt werden kann, das andere wegen der Reaktionsträgheit des hochgeglühten Materials. Es wurde nun eine Behandlungsweise entwickelt, bei der eine vollständige Aufoxydation im Vorsinterprozeß noch erfolgen kann und gleichzeitig eine genügende Reaktionsfreudigkeit vorhanden ist. Es zeigte sich, daß bei einem Verhältnis FeO : $Fe_2O_3$ = 30 : 70 magnetische Werte erhalten werden können, die in der gleichen Höhe liegen, wie sie mit bisherigen naßchemisch hergestellten Eisenoxyden erzielt wurden (Abb. 5 und Tabelle 5). Abb. 5 zeigt die Abhängigkeit der Magnetisierungskoerzitivkraft vom Molverhältnis FeO zu $Fe_2O_3$ bei verschiedenen Sinterbehandlungen. In Tab. 5 sind die interessierenden physikalischen Eigenschaften aufgeführt.

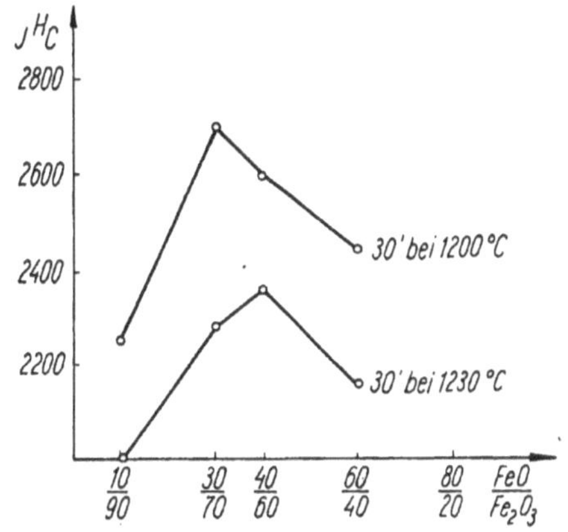

Abb. 5. Zusammenhang zwischen $_IH_C$ und Gehalt an Eisen(II)-Ionen

Da die chemisch aufbereiteten Oxyde z. Z. je Tonne ca. 10 mal soviel wie dieser Walzwerksinter einschließlich Aufbereitung kosten, ergeben sich bei der Produktion der Bariumferritmagnete durch den Einsatz des aufbereiteten Walzensinters bedeutende Einsparungen.

Tabelle 5

*Magnetische Werte von Proben, benutztes Eisenoxyd aufbereitet aus Walzwerksinter Brandenburg. 0,9% $SiO_2$, zugefügt als $CaSiO_3$. Vorsinterung 2 h bei 1100 °C, Schlußsinterung 30 Min. bei 1200°*

| Nr. | $FeO/Fe_2O_3$ | Dichte g/cm³ | $4\pi J_s$ G | $B_r$ G | $_BH_c$ Oe | $(BH)_{max}$ $10^6$ G × Oe |
|---|---|---|---|---|---|---|
| 384 | 8/90 | 4,7 | 3475 | 2075 | 1310 | 0,76 |
| 385 | 29/70 | 4,6 | 3845 | 2130 | 1390 | 0,80 |

## LITERATUR


[1] WENT, J. J., G. W. RATHENAU, E. W. GORTER, G. W. VAN OOSTERHOUT, Philips' techn. Rdsch. 13, 361 (1952).
[2] ADELSKÖLD, V., Ark. kem. Mineral. Geol. 12 A, 1 (1938).
[3] RATHENAU, G. W., J. SMIT, A. L. STUIJTS, Z. Physik 133, 250 (1952).
[4] GUILLAUD, CH., Thesis, Straßburg (1943).
[5] PAWLEK, F., K. REICHEL, Naturwissenschaften 44, 390 (1957).
[6] HEDVALL, J. A., Reaktionsfähigkeit fester Stoffe, Leipzig 1938.
[7] MÜLLER, H. G., Wiss. Z. Hochsch. Verkehrswes. 3, 7 (1955).
[8] STUIJTS, A. L., Trans. Brit. ceram. Soc. 55, 57 (1956).
[9] BECK, P. A., M. L. HOLZWORTH, P. R. SPERRY, Trans. Amer. Inst. Mining metallurg. Engr. 180, 163 (1949).
[10] OKUMURA, T., H. KOJIMA, S. WATANABE, Sci. Rep. RITU A 7, 411, 418 (1955).
[11] KOJIMA, H., Sci. Rep. RITU A 7, 502, 507 (1955).
[12] GUILLAUD, CH., G. VILLERS, C. R. hebd. Séances Acad. Sci. 242, 2817 (1956).
[13] BERTAUT, F., A. DESCHAMPS, R. PAUTHENET, C. R. hebd. Séances Acad. Sci. 246, 2594 (1958).
[14] SUMMERGRAD, R. N., E. BANKS, Phys. Chem. Solids 2, 312 (1953).
[15] MONES, A. H., E. BANKS, Physics Chem. Solids 4, 217 (1958).
[16] VAN UITERT, L. G., M. H. READ, F. J. SCHMETTLER, J. appl. Physics 28, 482 (1957).
[17] HENNEBERGER, F., private Mitteilung.
[18] HEIMKE, G., Naturwissenschaften 45, 260 (1958).
[19] Eine ausführlichere Darstellung der Untersuchung über den Einfluß oxydischer Beimengungen auf die magnetischen Eigenschaften von Bariumferritmagneten findet sich in H. G. MÜLLER u. G. HEIMKE, Berichte der Arbeitsgemeinschaft Ferromagnetismus 1958, Dr. Riederer-Verlag, Stuttgart.


Vorgetragen auf dem Kolloquium „Fragen der Physik und Chemie der Ferrite" am 1. und 2. März 1960, Berlin.

*Aus dem Institut für Physikalische Chemie*
*der Deutschen Akademie der Wissenschaften zu Berlin, Berlin*

# Die Herstellung von FeOOH und $Fe_2O_3$ aus Eisenschrott auf nassem Wege

Von M. HOLLNAGEL

*Zusammenfassung.* Nach Berücksichtigung des formalen Bildungsmechanismus für die Eisenoxydaquate wird über Untersuchungen berichtet, die die Einflüsse der wichtigsten Reaktionsparameter wiedergeben. Auf die Bedeutung eines kontinuierlichen Verfahrens der Eisenoxyddarstellung und Möglichkeiten zu seiner Verwirklichung wird hingewiesen.

Bekanntlich sind bei der industriellen Herstellung von Ferriten mit reproduzierbaren Eigenschaften große Schwierigkeiten zu überwinden, die auf unkontrollierte Änderungen der Herstellungsparameter zurückzuführen sind. Diesen Schwierigkeiten ist nur durch die Aufstellung und Einhaltung technischer Bedingungen zu begegnen, worunter die Festlegung eines technologischen Zuges im Hinblick auf die chemische, apparative und kontrollmäßige Gestaltung zu verstehen ist. Innerhalb dieser Aufgabenstellung sollte die Gewinnung von Eisenoxyden mit reproduzierbaren Eigenschaften insbesondere im Hinblick auf die Modifikation, Korngröße, Korngestalt und Kornverteilung derselben untersucht werden. Gleichzeitig wurde Wert darauf gelegt, Reaktionsbedingungen für ein kontinuierliches Verfahren zu finden, da ein solches wegen der Konstanz der Reaktionsbedingungen und der Regelmöglichkeit einer diskontinuierlichen Betriebsweise hinsichtlich der Einheitlichkeit und der Reproduzierbarkeit der Produkteigenschaften überlegen sein sollte. Daneben bestand natürlich die Absicht, schon vorhandene diskontinuierliche Verfahren in ihrer Leistungsfähigkeit zu verbessern. Es galt also für Steuerzwecke die Parameter der FeOOH- und $Fe_2O_3$-Bildung zu untersuchen, um unter optimalen Bedingungen arbeiten zu können und um von außen aufgezwungenen Störungen im Reaktionsablauf durch Veränderung der Reaktionsparameter begegnen zu können. Die Untersuchung richtete sich daher auf die für den Reaktionsablauf und die Produkteigenschaften kritischen Parameter. Für ein kontinuierliches Verfahren erschien insbesondere die Beeinflussung der Reaktionsgeschwindigkeit von ausschlaggebender Bedeutung.

## FeOOH

Bei den untersuchten Reaktionen handelt es sich um die Bildung von FeOOH bzw. $Fe_2O_3$ aus Eisenschrott in Gegenwart eines eisensalzhaltigen Elektrolyten bei erhöhter Temperatur unter Durchblasen von Luft. Die Bildung der gewünschten Verbindung möglichst einheitlicher Beschaffenheit wird durch Zugabe einer Eisenoxydaquatkeimlösung gelenkt. An dieser komplizierten Reaktion sind mindestens elektrochemische, kolloidchemische und Keimbildungs- wie Keimwachstumsvorgänge wesentlich beteiligt.

Man kann sich den Reaktionsablauf etwa folgendermaßen vorstellen: Bei dem Potential, das das Eisen gegenüber der Reaktionslösung annimmt, löst es sich anodisch in einer Lokalelementreaktion auf. Der zugehörige kathodische Schritt wäre die Abscheidung von Wasserstoffionen. In Wirklichkeit wird aber anwesender Sauerstoff in einer Depolarisationsreaktion zu $OH^-$-Ionen reduziert. Man könnte also die Teilreaktionen folgendermaßen formulieren:

1) anodisch $Fe \rightarrow Fe^{2+} + 2\,e^-$
2) kathodisch $1/2\,O_2 + H_2O + 2\,e^- \rightarrow 2\,OH^-$
3) Bruttoreaktion $Fe + 1/2\,O_2 + H_2O \rightarrow Fe^{2+} + 2\,OH^-$

Daneben findet aber in der Lösung in sehr geringem Maße die Oxydation von $Fe^{2+}$-Ionen zu $Fe^{3+}$-Ionen statt, die bei dem herrschenden $p_H$-Wert von etwa 3 einen unlöslichen Niederschlag bilden, der sich gewöhnlich als gelbliche Trübung zeigt und aus einer der FeOOH-Modifikationen besteht.

4) Oxydat. $2\,Fe^{2+} + 1/2\,O_2 + 2\,H^+ \rightarrow 2\,Fe^{3+} + H_2O$

5) Hydrolyse $2\,Fe^{3+} + 4\,H_2O \rightarrow 2\,FeOOH + 6\,H^+$

6) Bruttoreaktion $2\,Fe^{2+} + 1/2\,O_2 + 3\,H_2O \rightarrow 2\,FeOOH + 4\,H^+$

Bei dieser Oxydations- und Hydrolysereaktion werden also $H^+$-Ionen frei. Im stationären Zustand werden durch Korrosion genausoviel Eisenionen nachgeliefert, wie durch Hydrolyse aus der Lösung verschwinden. Kombiniert man daher die letzte Reaktionsgleichung mit der Lokalelementreaktion, so ergibt sich:

3) $2\,Fe + O_2 + 2\,H_2O \rightarrow 2\,Fe^{2+} + 4\,OH^-$

6) $2\,Fe^{2+} + 1/2\,O_2 + 3\,H_2O \rightarrow 2\,FeOOH + 4\,H^+$

7) $2\,Fe + 3/2\,O_2 + H_2O \rightarrow 2\,FeOOH$

Danach bleibt in der Bruttoreaktion die $H^+$-Ionenkonzentration konstant. Jedoch berücksichtigt diese Formel nicht die Teilreaktionen, von denen die langsamste geschwindigkeitsbestimmend sein muß. Man darf annehmen[1]), daß der kathodische Depolarisationsvorgang geschwindigkeitsbestimmend ist.

Es war nun von Interesse festzustellen, in welcher Weise die einzelnen Versuchsgrößen sich auf den Reaktionsablauf auswirken. Als System wurde $Fe/FeCl_2$ 0,12 m, NaCl 1,88 m, $H_2O$, 1 l Luft $Min.^{-1}$ 63 °C, 250 $cm^2$ Schrottoberfläche, $\gamma$-FeOOH-Keimlösung gewählt [1]. Hier findet, wie Vorversuche zeigten, keine störende spontane Keimbildung statt, wie z. B. in $FeSO_4$-Lösungen. Allerdings zeigte sich später, daß die elektronenmikroskopische Auswertung erschwert ist. Gearbeitet wurde unter reproduzierbaren Versuchsbedingungen auf die hier nicht näher eingegangen werden soll.

## Ergebnisse

### 1. Reaktionsordnung

Aus Versuchen über die Auflösung von Schrott in $FeSO_4$-Lösung unter Bildung von $\alpha$-FeOOH bei sonst analogen Bedingungen ergibt sich eine zeitlich konstante Reaktionsgeschwindigkeit (Abb. 1). Die Reaktion ist also nullter Ordnung. Dasselbe ist für die hier betrachtete Reaktion mit $FeCl_2$ zu erwarten. Ursache dürfte sein, daß die $Fe^{2+}$-Konzentration und die Oberfläche zeitlich etwa konstant bleiben.

### 2. Einfluß der Temperatur

Für die Reaktionstemperaturen 60°, 80° und 100 °C verhielten sich die zugehörigen Ausbeuten etwa wie 1 : 2 : 3, was einer Aktivierungsenergie von etwa 7 kcal/Mol entspricht (Abb. 2). Die relativ niedrige Aktivierungsenergie könnte auf mitbestimmende Diffusionsvorgänge hindeuten.

### 3. Einfluß der Keimkonzentration auf das Teilchenwachstum

Findet ein und dieselbe Menge an gebildetem Reaktionsprodukt als Kristallisationszentren in getrennten Versuchen unterschiedliche Keimmengen vor, so werden die Teilchen in den Lösungen unterschiedliche Durchmesser aufweisen. Die zugesetzten Keime aus $\gamma$-FeOOH besaßen die erwartete Wirkung, d. h. bei kleiner Keimkonzentration sind die

[1]) Entsprechende elektrochemische Untersuchungen wurden ausgeführt.

gebildeten γ-FeOOH Kristallite (Teilchengröße ~1 μ) größer als bei höherer Keimkonzentration. Statt des berechneten Teilchengrößenverhältnisses 1 : 0,5 : 0,25 erhielt man allerdings 1 : 0,8 : 0,15, wobei zu berücksichtigen ist, daß durch teilweise Koagulation der Keimlösung sich das Keimzahlverhältnis verschiebt (Abb. 3 und 4).

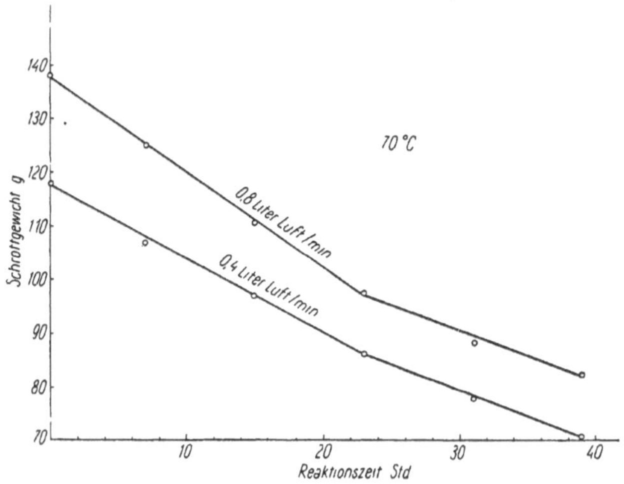


Abb. 1. Zeitliche Abnahme des Schrottgewichts für verschiedene Luftgeschwindigkeiten

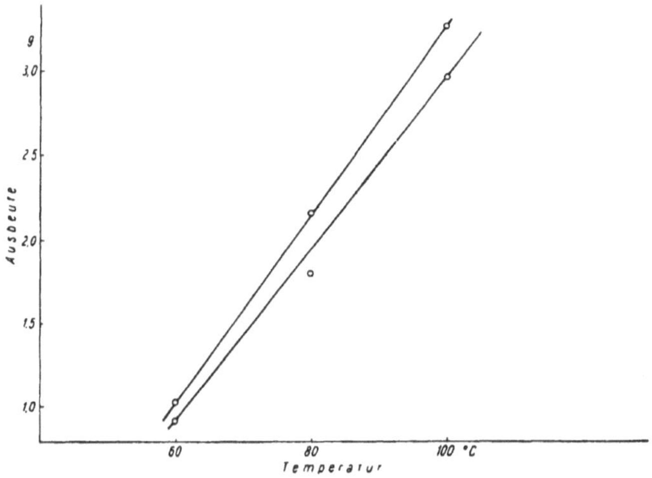


Abb. 2. Temperaturabhängigkeit der Ausbeute an γ-FeOOH

## 4. Einfluß der Luftmenge auf die Ausbeute

Ein Einfluß der Luftmenge auf die Reaktionsgeschwindigkeit, bzw. Ausbeute, ist nur bei kleineren Strömungsgeschwindigkeiten vorhanden und zeigt etwa logarithmische Abhängigkeit (Abb. 5). Zu beachten ist, daß bei zu kleiner Luftmenge Mischoxydhydrate von dunkler Farbe gebildet werden. Anwendung von reinem Sauerstoff erhöht die Ausbeute auf etwa das 1,5fache. Die Erklärung für das asymptotische Verhalten der Kurve bei höheren Strömungsgeschwindigkeiten dürfte darin zu suchen sein, daß der depolarisierende Diffusionsstrom seinem Maximalwert durch Sättigung der Lösung mit $O_2$ und Einstellung des niedrigst möglichen Diffusionsweges erreicht hat.

### 5. Der Einfluß der Luftmenge auf dem $p_H$-Wert

Die aus der Technik bekannte Abhängigkeit des $p_H$-Wertes von der zugeführten Luftmenge konnte bestätigt werden, d. h. der $p_H$-Wert sinkt mit steigender Luftzufuhr ab (Abb. 6). Allerdings ist der $p_H$-Wert starken zeitlichen Schwankungen unterworfen, deren Ursache nicht erkennbar ist und die sich bei ausreichend großen Versuchsgefäßen wahr-

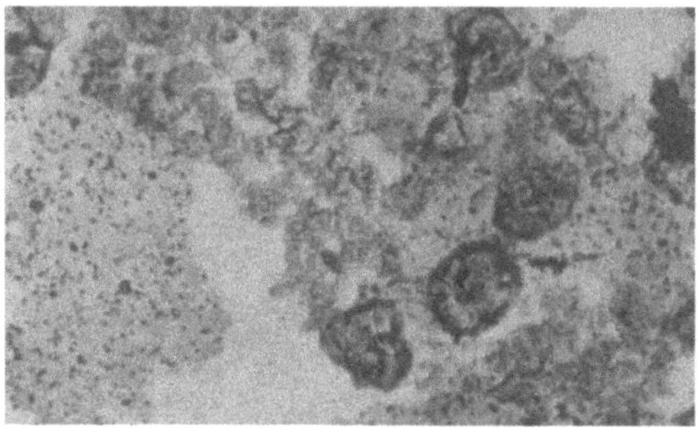

Abb. 3. $\gamma$-FeOOH-Kristallite hergestellt bei hoher Keimkonzentration

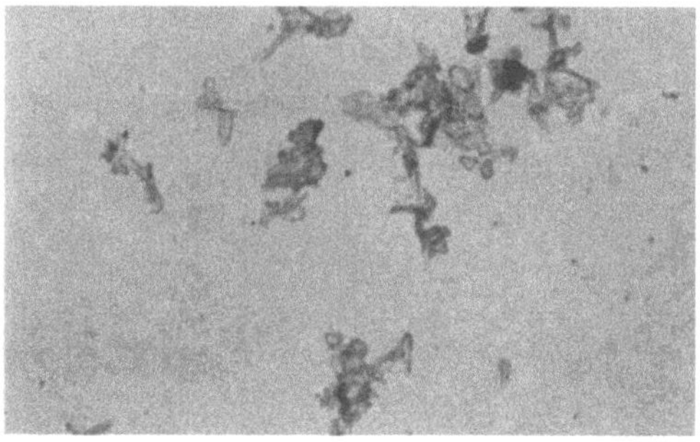

Abb. 4. $\gamma$-FeOOH-Kristallite hergestellt bei kleiner Keimkonzentration

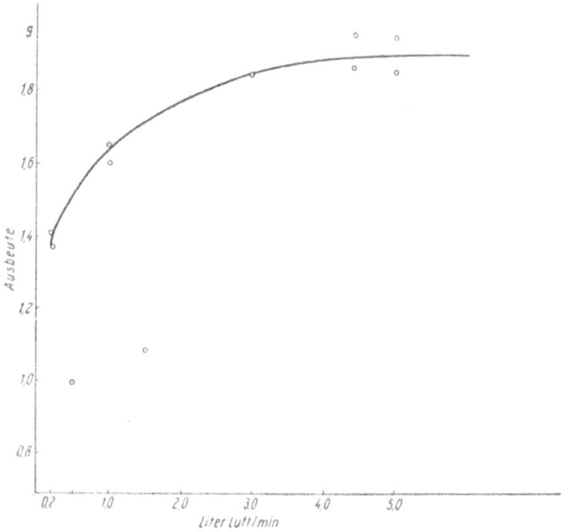


Abb. 5. Abhängigkeit der Ausbeute an-$\gamma$-FeOOH von der Luftgeschwindigkeit

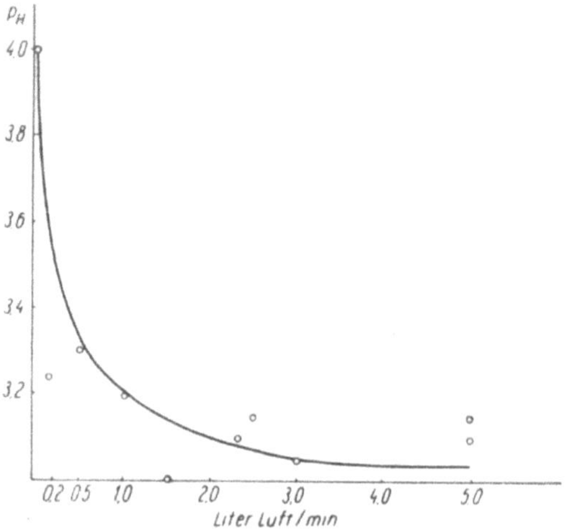


Abb. 6. Abhängigkeit des $p_H$-Wertes der Reaktionslösung von der Luftgeschwindigkeit

scheinlich verringern würden. Anwendung von reinem Sauerstoff verringert den $p_H$-Wert vergleichsweise um 0,3 Einheiten. Auch dieses Verhalten spricht für die kathodische Polarisation als langsamen Schritt, weil durch die Hydrolysereaktion die $H^+$-Ionen zunächst schneller gebildet als $OH^-$-Ionen an den kathodischen Bezirken angeboten werden.

### 6. Abhängigkeit der Ausbeute von der $FeCl_2$-Konzentration

Um den Einfluß der $FeCl_2$-Konzentration auf die Ausbeute zu untersuchen, wurde das Verhältnis ($FeCl_2$) : (NaCl) bei konstanter ionaler Konzentration verändert. Neben einer Vertiefung der Pigmentfarbe sowie einer Abnahme des $p_H$-Wertes (Abb. 7) mit steigender $FeCl_2$-Konzentration ergibt sich gleichzeitig eine Erhöhung der Ausbeute (Abb. 8).

7. Abhängigkeit der Ausbeute von der verwendeten Keimmenge

Eine solche läßt sich nicht eindeutig erkennen, doch scheint eine kleine Zunahme mit steigender Keimmenge zu erfolgen.

8. Einfluß der Versuchsbedingungen auf die Struktur und Morphologie der Präparate

Unter den obigen Versuchsbedingungen wurde ausnahmslos $\gamma$-FeOOH als Hauptprodukt gebildet, wobei in sehr kleinen Mengen $Fe_3O_4$ sowie bei 100 °C wahrscheinlich $Fe_2O_3$ insbesondere an der Trennlinie Glas — Lösung — Luft auftrat. Einen starken

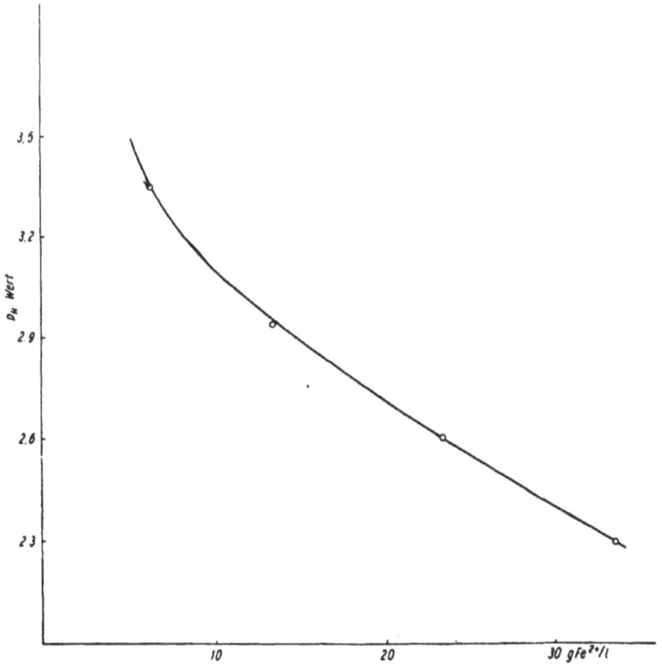


Abb. 7. Abhängigkeit des pH-Wertes von der $FeCl_2$-Konzentration

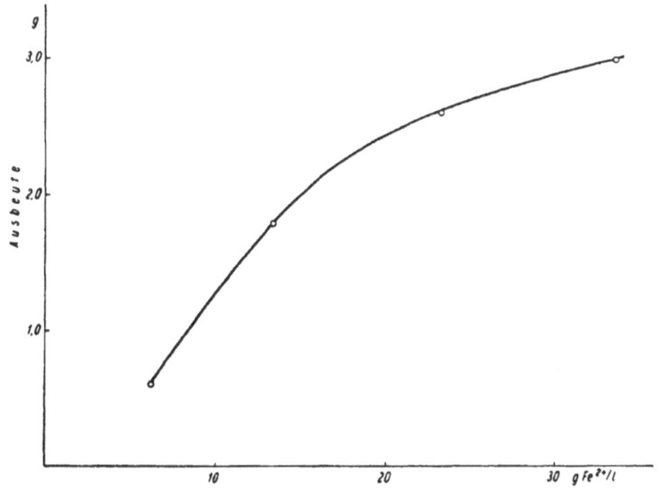


Abb. 8. Abhängigkeit der Ausbeute an $\gamma$-FeOOH von der $FeCl_2$-Konzentration

Einfluß übt das Anion der Elektrolytlösung aus. $FeCl_2$-Lösung liefert $\gamma$-FeOOH, $FeSO_4$-Lösung $\alpha$-FeOOH, NaCl begünstigt die Bildung von $\gamma$-FeOOH (Spuren $Fe_3O_4$), während $Na_2SO_4$-Lösung $\alpha$-FeOOH und etwas $\alpha$-$Fe_2O_3$ hervorbringt.

Über die Morphologie läßt sich endgültig nichts sagen, solange die elektronenmikroskopischen Aufnahmen nicht vollständig vorliegen. Im allgemeinen treten scheibenförmige bis nadelige Kristalle auf ($\gamma$-FeOOH), doch wurden auch halbmondförmige Kristalle beobachtet (0,5—1,0 $\mu$ Länge). Nach längerer Reaktionszeit sind diese zu uncharakteristischen Agglomeraten zusammengewachsen.

Zusammenfassend kann gesagt werden, daß im Hinblick auf ein schnelles Kristallwachstum, wie es für ein kontinuierliches Verfahren notwendig ist, kleine Keimkonzentrationen, hohe $FeCl_2$-Konzentration, hohe Temperatur, eine ausreichende Luftgeschwindigkeit sowie eine große Eisenoberfläche wünschenswert erscheinen. Dieselben Zusammenhänge sollten prinzipiell für die Darstellung von $Fe_2O_3$ gelten und bedürfen der Prüfung.

$\alpha$-$Fe_2O_3$

Eisenoxyd, das auf nassem Wege hergestellt wird, besitzt gegenüber thermischem Oxyd erhöhte Reaktivität, worauf seitens der Ferritproduzenten Wert gelegt wird.

Im Gegensatz zum FeOOH muß bei der $Fe_2O_3$-Bildung stärker auf die Reaktionslenkung in Richtung auf das $Fe_2O_3$ geachtet werden, weshalb die Untersuchung der oben genannten Parameter bisher unterblieb.

Nachdem aus eigenen Versuchen Hinweise dafür existierten, daß $\alpha$-$Fe_2O_3$ sich auch unmittelbar bei der Schrottauflösung unter geeigneten Bedingungen bilden kann, wurde mit der systematischen Untersuchung der $Fe_2O_3$-Herstellung begonnen. Arbeiten und Ergebnisse hierüber waren insbesondere in Form des englischen Patentes 691457 vom 10. 1. 52 der Kalichemie bekannt, wonach durch Zugabe von $Fe_2O_3$ in hochdisperser Form zu der üblichen Reaktionslösung $\alpha$-$Fe_2O_3$ aus Eisenschrott gewonnen wurde. Die Angaben des Patentes ließen sich nicht reproduzieren, wahrscheinlich hauptsächlich deshalb, weil keine Hinweise für den Mischungs- und Reaktions-$p_H$-Wert vorlagen. Jedoch waren eigene Versuche erfolgreich, bei denen insbesondere der $p_H$-Verlauf systematisch abgewandelt wurde. Summarisch läßt sich bisher etwa Folgendes sagen (es stehen noch elektronenmikroskopische Aufnahmen aus, die Zusammenhänge zwischen Versuchsbedingungen und Morphologie der Produkte nachweisen werden):

Von ganz besonderer Bedeutung ist die Verhinderung einer spontanen $\gamma$-FeOOH-Bildung zu Beginn der Reaktion, die eine Lenkung in Richtung $\alpha$-$Fe_2O_3$ verhindern würde, da anscheinend die Aktivierungsenergie der $\gamma$-FeOOH-Reaktion niedriger als für die $\alpha$-$Fe_2O_3$-Reaktion ist. Sorgt man auch in der Reaktionslösung bis zur Vereinigung für den Ausschluß von $\gamma$-FeOOH ($p_H \leq 2{,}7$, Erhitzen ohne Luftstrom, Zugabe der Keimlösung bei beginnender Trübung, die im Verlaufe des Erhitzens auftritt), so wird die $Fe_2O_3$-Bildung begünstigt. Ungünstig in bezug auf die $Fe_2O_3$-Ausbeuten wirkt eine Peptisierung der Keimfällung beim Zusammengeben mit der Reaktionslösung, die man durch eine grobflockige Fällung und Einhalten eines Mischungs-$p_H$-Wertes von 2,7—2,8 verhindern kann.

Insofern ist für die Wirksamkeit der Keimlösung ($Fe(OH)_3$ aus $FeCl_3$ mit Ammoniak ausgefällt, etwa ein Zehntel des in der Reaktionslösung vorhandenen Eisenanteils) die Art der Fällung ausschlaggebend, Fällungs-$p_H \leq 2{,}7$, während eine nachfolgende Behandlung der Keimlösung (Altern, Erhitzen) ohne wesentlichen Einfluß, wenigstens auf die chemische Zusammensetzung des Reaktionsproduktes, bleibt. (Abb. 9, ohne Alterung, 4 Std. Reaktionszeit; Abb. 10: ohne Alterung, 8 Std. Reaktionszeit; Abb. 11: 1 Stunde Alterung, 4 Std. Reaktionszeit; Abb. 12: 1 Stunde Alterung, 8 Std. Reaktionszeit.)

Auf etwa das Doppelte steigen die $Fe_2O_3$-Ausbeuten, wenn die Reaktionslösung etwa 0,015 n an $CH_3COOH$ ist. Wie später festgestellt, war das für die $\alpha$-FeOOH-Fällung

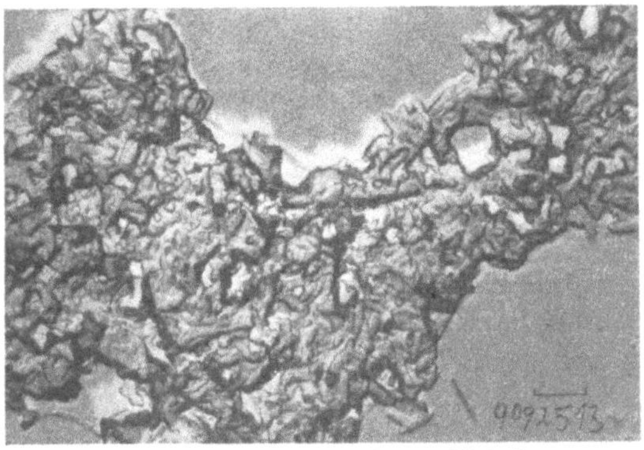

Abb. 9. $\alpha$-$Fe_2O_3$ ohne gealterte Keimlösung

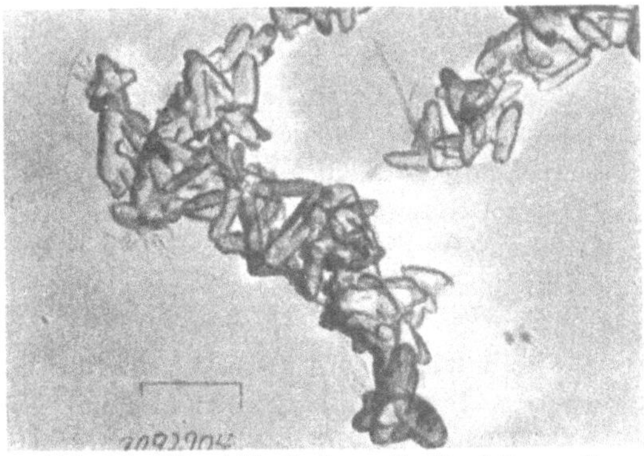

Abb. 10. Wie Abb. 9, doppelte Reaktionszeit

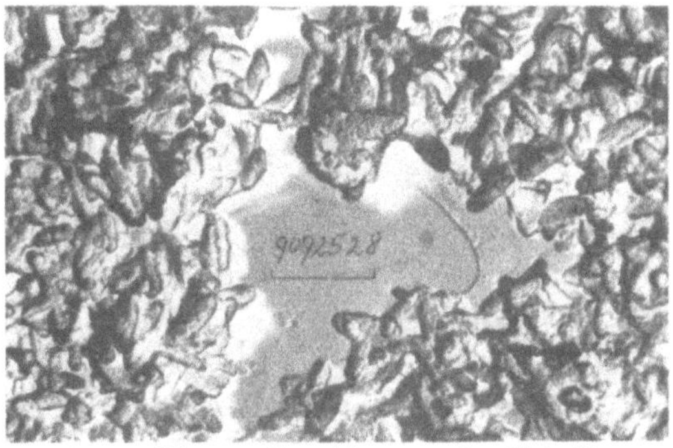

Abb. 11. Einstündige Alterung der Keimlösung, vierstündige Reaktionszeit

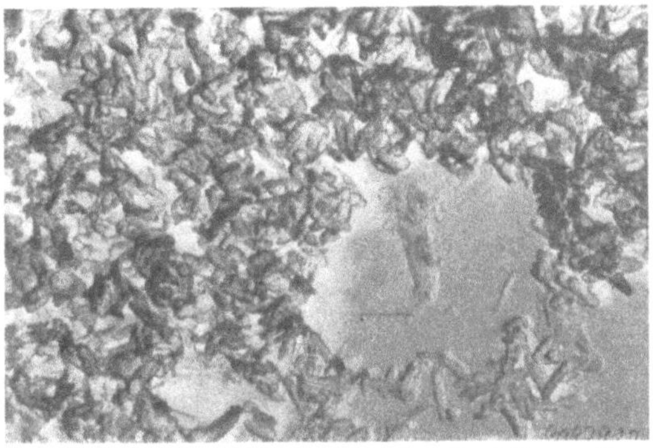

Abb. 12. Wie Abb. 11, doppelte Reaktionszeit

Abb. 13. $\alpha$-$Fe_2O_3$, Essigsäurezusatz, vierstündige Reaktionszeit

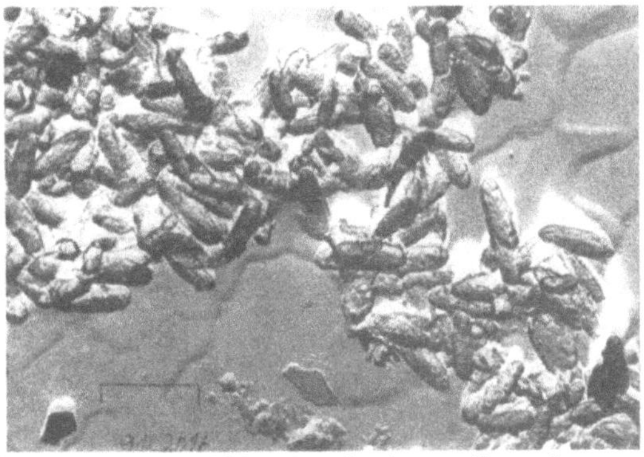

Abb. 14. Wie Abb. 13, mit einstündig gealterter Keimlösung

bereits in der Literatur beschrieben [2]. (Abb. 13: Erhitzen ohne Alterung, 4 Std. Reaktionszeit; Abb. 14: Erhitzen, 1 Stunde Alterung, 4 Stunden Reaktionszeit.) Bedeutsam ist die stabilisierende Wirkung der Essigsäure für die $Fe_2O_3$-Bildung.

Eine Ausfällung der Keime in der $FeCl_2$-Lösung (anzustreben für ein kontinuierliches Verfahren mit Keimlösungen von gleichbleibenden Eigenschaften) läßt sich nur bei Abwesenheit von reduzierend wirkendem metallischem Eisen vornehmen. Günstig hinsichtlich hoher $Fe_2O_3$-Ausbeute sind auch hier grobflockige Niederschläge, doch lagen bisher die Ausbeuten bezüglich $Fe_2O_3$ nur bei etwa 60%.

Die bisherigen Versuche lassen erkennen, daß unter bestimmten Reaktionsbedingungen sehr gleichförmige Niederschläge erhalten werden. Es treten Nadeln mit abgerundeten Formen auf, die auch Ellipsengestalt annehmen können, Länge etwa 0,5 $\mu$. Ob es sich hierbei um Koagulationsformen von $\alpha$-$Fe_2O_3$ handelt oder ob FeOOH-Nadeln als Kristallisationszentren wirken, kann erst unter Berücksichtigung noch ausstehender elektronenmikroskopischer Aufnahmen gesagt werden. Röntgenographisch wurde nachgewiesen, daß zu Beginn der Fällung $\alpha$- und $\gamma$-FeOOH im Gemisch vorliegen.

Die Reinheit des auf diese Weise erhaltenen Eisenoxyds hängt natürlich stark von der Eisenschrottqualität ab und kann nicht über einen bestimmten Wert gesteigert werden.

Aus obigen Formeln geht hervor, daß das metallische Eisen im Reaktionsprozeß formal die Rolle eines Neutralisators und eines Eisenionenlieferanten innehat, wobei die Geschwindigkeit der Eisenionennachlieferung durch den kathodischen Schritt bestimmt ist. Neutralisiert man von außen mit einer der Korrosionsstromdichte äquivalenten Geschwindigkeit, so müßte bei Abwesenheit von metallischem Eisen unter sonst gleichen Bedingungen ($p_H$-Wert, Belüftung, Temperatur usw.) ebenfalls $Fe_2O_3$ gebildet werden. Das ist in der Tat der Fall ($FeCl_2$, Keimlösung, verd. $NH_3$). Auf diesem Wege kommt man dann zu Oxyden, deren Verunreinigungen nur aus dem Fe-Salz stammen, also sehr klein gehalten werden können. Außerdem fehlt die Hemmung des kathodischen Depolarisationsschrittes, so daß man insbesondere bei Temperaturen von etwas über 100 °C mit hohen Kristallisationsgeschwindigkeiten rechnen kann. Das ist gerade für kontinuierliche Verfahren besonders erwünscht, weil man dann möglicherweise von einem Kreislauf abgehen kann, wobei das schwierige Problem der Klassierung kleiner Teilchen fortfallen würde. Dabei steht es frei, ob das $NH_3$ in Lösung oder dem Gasstrom zugegeben wird und ob die Keimlösung außerhalb oder in der zukünftigen Reaktionslösung erzeugt wird (Fällung von $Fe^{3+}$ neben $Fe^{2+}$). Selbstverständlich dürften sich auf dieselbe Weise auch $\alpha$- und $\gamma$-FeOOH herstellen lassen.

## LITERATUR

[1] U.S.P. 2560970 vom 11. 7. 1949
[2] RISSKIN, J., Shurnal Prikladnoi Chimii. 11, 1085—90 (1938).

Vorgetragen auf dem Kolloquium „Fragen der Physik und Chemie der Ferrite“ am 1. und 2. März 1960, Berlin.

*Aus dem Institut für Physikalische Chemie*
*der Deutschen Akademie der Wissenschaften zu Berlin, Berlin*

# Die Messung der spezifischen Oberfläche nach Derjagin

Von M. HOLLNAGEL

*Zusammenfassung.* Es wird das Derjaginsche Verfahren zur Oberflächenmessung von Pulvern beschrieben und über Erfahrungen mit einer abgeänderten Meßapparatur berichtet.

Zur Aufstellung und Einhaltung technischer Bedingungen gehört auch die Messung der Materialeigenschaften, um diese durch ständige Kontrolle innerhalb der geforderten Werte zu halten. Bei Pulvern müssen hierzu neben den chemischen mindestens auch die sehr wichtigen geometrischen Eigenschaften gemessen werden, wie z. B. die Teilchengröße, die Form und die Kornverteilung. Diese Messungen sind bei direkter Ausführung zeitraubend. Deshalb wendet man schnellere indirekte Methoden an. An Stelle der Teilchengröße ermittelt man die spezifische Oberfläche, die zwar nur einen Mittelwert entsprechend der Kornverteilung liefert, in ihrer Aussage aber durch gleichzeitig auszuführende Rüttelgewichtsmessungen unterstützt wird, die auf Teilchenform, -größe und -verteilung ansprechen. Im Übrigen sollen ja eigentlich die für die Technologie einmal als günstig erkannten Betriebsbedingungen routinemäßig auf ihre Einhaltung kontrolliert werden, wozu hierbei bereits Verfahren ausreichen, die nach empirischen Methoden den Vergleich mit festgelegten Zahlenwerten ermöglichen.

Als schnelles Verfahren zur Messung der spezifischen Oberfläche hat sich seit etwa 20 Jahren die von CARMAN [1] eingeführte Methode der Messung der Durchlässigkeit allgemein bewährt. Sie beruht darauf, daß an einer gepreßten Pulverprobe mit bekannter geometrischer Abmessung und Porosität der Druckabfall eines mit bestimmter Geschwindigkeit hindurchfließenden Gasstromes gemessen wird. Der Berechnung liegen einige willkürliche Annahmen zugrunde, die in der Regel eine Eichung der Meßapparatur nötig machen. Dieser Nachteil ist natürlich für Routine-Messungen bedeutungslos. Um das Verfahren von empirischen Anschlußmethoden frei zu machen, untersuchte DERJAGIN [2] die Verhältnisse unter den theoretisch einfacheren Bedingungen der Molekularströmung oder Diffusion, d. h. für den Fall, daß die mittlere freie Weglänge der Gasmolekeln groß ist gegen die Porendurchmesser. Er konnte die strenge Ableitung einer Formel liefern, die unter den Bedingungen der Knudsenströmung gilt für den Fall, daß keine Porenstruktur auftritt. Der Vergleich mit anderen Methoden (insbesondere BET) bestätigte die Gültigkeit der angegebenen Beziehung. Plaksin und Mitarbeiter [3] haben die Methode durch Messung bei sehr niedrigen Drucken auf die Bestimmung von Teilchendurchmessern bis max. 170 $\mu$ ausgedehnt.

Wir entschieden uns für die DERJAGIN-Methode, weil einerseits die Teilchengröße unserer Proben Messungen im Knudsen-Bereich ermöglichte und weil wir außerdem Wert auf die Kenntnis der absoluten Oberfläche legten.

Zunächst sei kurz die von uns benutzte Apparatur beschrieben, die wir mit einigen Änderungen nach Derjagins Angaben bauten (Abb. 1).

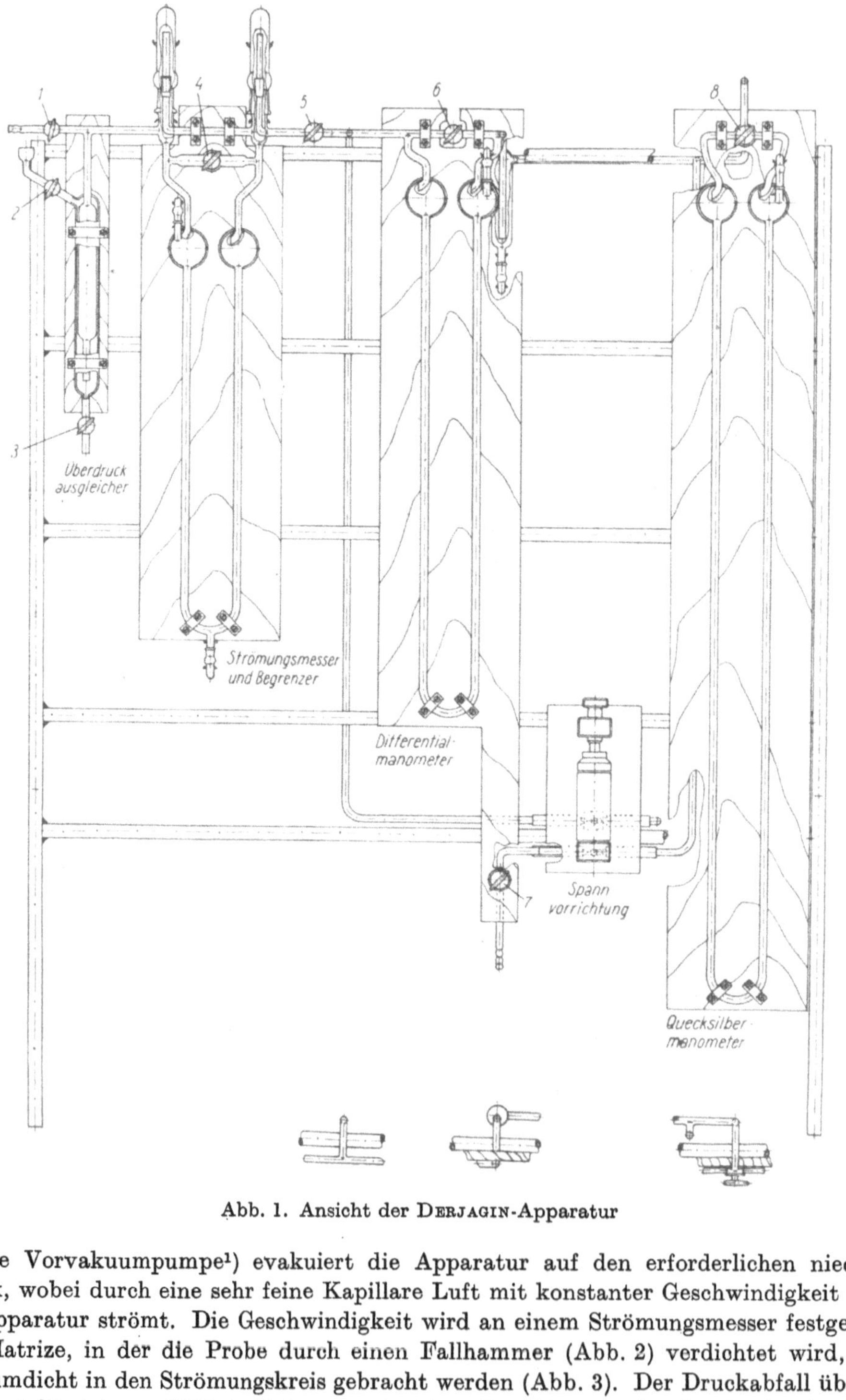


Abb. 1. Ansicht der Derjagin-Apparatur

Eine Vorvakuumpumpe[1]) evakuiert die Apparatur auf den erforderlichen niedrigen Druck, wobei durch eine sehr feine Kapillare Luft mit konstanter Geschwindigkeit durch die Apparatur strömt. Die Geschwindigkeit wird an einem Strömungsmesser festgestellt. Die Matrize, in der die Probe durch einen Fallhammer (Abb. 2) verdichtet wird, kann vakuumdicht in den Strömungskreis gebracht werden (Abb. 3). Der Druckabfall über der Probe stellt sich am Differentialmanometer ein. Zur Messung des Absolutdruckes dient

[1]) Z. B. Type ED 3, 3 $cm^3$/Stunde. Fa. Geyer.

ein Quecksilbermanometer. Für die Ermittlung der spezifischen Oberfläche gilt dann folgende Formel:

$$S = \frac{24}{13} \sqrt{\frac{2}{\pi M\, RT}} \cdot \frac{\varepsilon^2 \cdot \Delta P}{\dot{n}\,(1 - \varepsilon) \cdot \Delta x}$$

Dabei bedeuten:

$S$ die spez. Oberfläche in $cm^2/cm^3$
$M$ das Molekulargewicht des Gases
$R = 8{,}32 \cdot 10^7$ erg/° die allgemeine Gaskonstante
$T$ die absolute Temperatur
$\varepsilon$ die Porosität $= 1 - \frac{E}{\varrho \cdot \triangle x F}$
$F$ die Fläche
$\Delta x$ die Tablettendicke
$\varrho$ das spez. Gewicht
$E$ die Einwaage
$\dot{n}$ die Strömungsgeschwindigkeit durch den Einheitsquerschnitt
$\Delta P$ der Druckabfall.

Alle Größen sind in CGS-Einheiten gemessen. Für einfache Körperformen läßt sich aus der spez. Oberfläche leicht die mittlere Teilchengröße berechnen. Zum Beispiel gilt für die Kugel

$$r = \frac{3}{S}\,.$$

Um unsererseits die Zuverlässigkeit der Apparatur zu prüfen, wurde der mittlere Teilchendurchmesser von Carbonyleisen mit dem auf mikroskopischen Wege bestimmten Durchmesser verglichen. Die Übereinstimmung lag innerhalb der Versuchsfehler, die

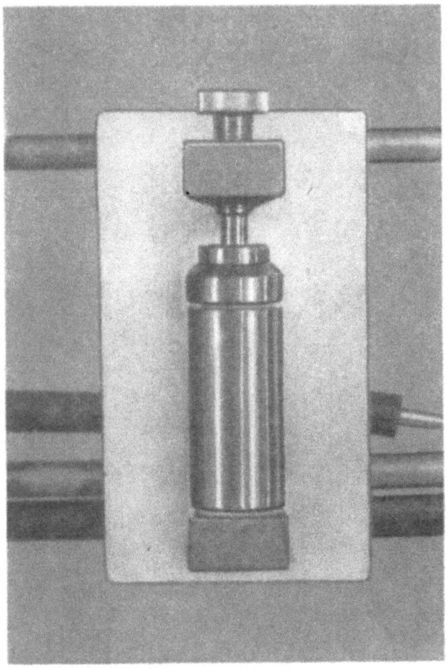

Abb. 2. Fallhammer mit Matrize und Stempel zur Verdichtung der Pulver

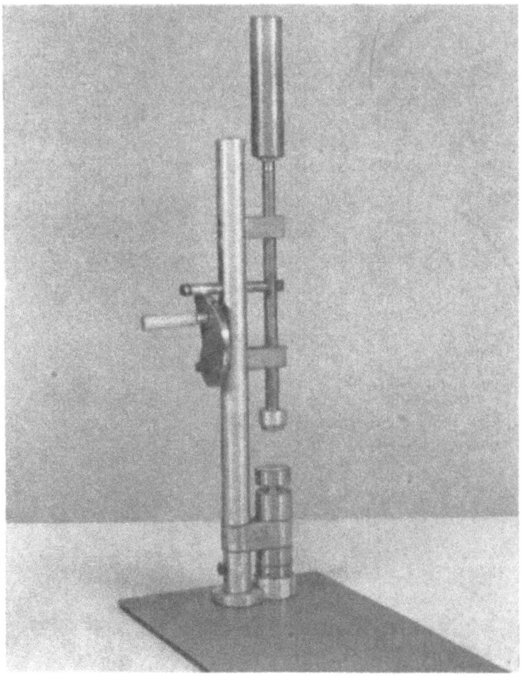

Abb. 3. Matrize und Spannvorrichtung

etwa $\pm 3\%$ betragen. Messung mit verschiedenen Gasen führt zu übereinstimmenden Ergebnissen. Um zu prüfen, bis zu welchem Maximaldruck noch zuverlässige Werte zu erhalten sind, wurde bei verschiedenen Drucken gemessen. Für Wasserstoff gilt als obere Grenze 10—20 Torr mittlerer Druck bei einem Teilchendurchmesser von etwa $2\,\mu$. Als Anwendungsbeispiel verfolgte man die Änderung der spezifischen Oberfläche von $\alpha$-FeOOH-Proben, die in gleichen Zeitabständen aus einem Oxydator entnommen und unter gleichartigen Bedingungen für die Messung vorbereitet worden waren. Dabei zeigte sich ein stetiges Absinken der spezifischen Oberfläche mit steigender Fahrzeit, das auf gesetzmäßigem Teilchenwachstum beruht, wie auch elektronenmikroskopisch nachzuweisen war. Bei vorwiegend zweidimensionalem Wachstum, wie es etwa bei der Vergröberung von Nadeln der Fall ist, findet man, daß der Wert $1/S^2$ direkt proportional der Zeit abnehmen muß. Doppelt logarithmische Auftragung von spezifischer Oberfläche und Zeit ergibt als mittlere Steigung den Wert $-1/_2$, womit die gefundene Abhängigkeit hinlänglich erklärt sein dürfte. Diese Abhängigkeit läßt sich nun dazu benutzen, um aus einigen Meßpunkten bei konstanten Arbeitsbedingungen den Zeitpunkt zu bestimmen, an dem das Reaktionsprodukt in einem diskontinuierlich arbeitenden Oxydator die erwünschte spez. Oberfläche erreicht hat. In unserem Institut wird die Derjagin-Apparatur zur Kontrolle eines kontinuierlichen Eisenoxydverfahrens eingesetzt werden.

## LITERATUR

[1] Carman, P. C., J. Soc. Chem. Ind. 57, 225 (1938).

[2] Derjagin, B. W., Comptes Rendus (Doklady) de l'Académie des Sciences de l'URSS 53, 623 (1946).
Derjagin, B. W., R. Fridljand, W. Krylowa, Doklady Akademi. Nauk SSSR 61, 653 (1948).
Derjagin, B. W., N. N. Sachawajewa, E. E. Susman, M. W. Talaew, W. W. Filippowskii, Shurnal Fisitschesskoi Chimii 29, 860 (1955).

[3] Plaksin, S. M., A. M. Okolowitsch, L. P. Zaraiskaja, Zwetnyje Metally 30, 8,37 (1957).

Vorgetragen auf dem Kolloquium „Fragen der Physik und Chemie der Ferrite" am 1. und 2. März 1960, Berlin.

FSC
www.fsc.org
MIX
Papier | Fördert gute Waldnutzung
FSC® C083411

Kolibri 360 GmbH
Ferdinand-Jühlke-Straße 7
99095 Erfurt, Deutschland
produktsicherheit@kolibri360.de